高等学校艺术设计专业课程改革教材

建筑与室内设计的风格与流派

（第 2 版）

主　编　文　健
副主编　毕秀梅　张增宝　胡　娉

清华大学出版社
北京交通大学出版社
·北京·

内容简介

本书共分四章。第一章介绍西方古代建筑与室内设计，根据时间的先后顺序，按区域分类进行讲解，重点讲授对西方古代社会产生过重大历史意义的经典建筑及其室内设计。第二章介绍东方古代建筑与室内设计，其中重点介绍中国传统建筑和室内设计，结合大量的中国民居和中国古典园林设计图片，图文并茂地进行讲解。第三章介绍世界近现代建筑与室内设计，重点讲解现代主义运动和后现代主义运动时期影响世界的几位设计大师及其作品。第四章以图片的形式展示一些享誉世界的经典建筑和室内设计作品。

本书论述科学，内容全面，条理清晰，语言朴实，图文并茂，具有较高的参考和收藏价值，可供建筑学、室内设计、环境艺术设计和建筑装饰设计等专业的师生阅读使用，还可作为业余爱好者的自学辅导用书。

图书在版编目（CIP）数据

建筑与室内设计的风格与流派／文健主编. —2 版. —北京：北京交通大学出版社：清华大学出版社，2018.5（2023.1 重印）

（高等学校艺术设计专业课程改革教材）

ISBN 978-7-5121-3533-8

Ⅰ.① 建…　Ⅱ.① 文…　Ⅲ.① 建筑设计-高等学校-教材　② 室内装饰设计-高等学校-教材　Ⅳ.① TU2

中国版本图书馆 CIP 数据核字（2018）第 077094 号

建筑与室内设计的风格与流派

JIANZHU YU SHINEI SHEJI DE FENGGE YU LIUPAI

策划编辑：吴嫦娥　　责任编辑：崔　明

出版发行：清华大学出版社　　　邮编：100084　　电话：010-62776969　　http://www.tup.com.cn
　　　　　北京交通大学出版社　邮编：100044　　电话：010-51686414　　http://www.bjtup.com.cn
印 刷 者：艺堂印刷（天津）有限公司
经　　销：全国新华书店
开　　本：210 mm×285 mm　　印张：11　　字数：414 千字
版　　次：2018 年 5 月第 2 版　　2023 年 1 月第 3 次印刷
书　　号：ISBN 978-7-5121-3533-8/TU·167
定　　价：59.00 元

第2版前言

《建筑与室内设计的风格与流派》一书自从2007年出版发行以来，历经十年时间，广泛应用于高职高专建筑设计与环境艺术设计类专业的教学，受到读者和学生的好评，销量一直很好。很多读者和学生通过阅读这本书提高了建筑审美素养，体验了建筑的美学和内涵，厘清了中外建筑发展史的脉络，完善了自己的建筑理论体系。经过十年的沉淀和积累，作者收集和整理了大量新的经典建筑图片，对一部分经典建筑风格也进行了新的诠释和阐述，并以此形成了新的文稿再版发行。

本书第2版的修订基本保留了原教材的框架和结构，其主要内容西方古代建筑与室内设计、东方古代建筑与室内设计和世界近现代建筑与室内设计三个主要章节未做大的改动，还是按照历史时间节点，依托重要代表性建筑风格，阐述建筑与室内设计的发展与演变。但是，在一些经典建筑图片的选择、经典建筑理论的诠释上做了一些更改和完善。这些修改，使本教材的理论讲解更加细致，内容更加全面，条理更加清晰，更适合职业类院校的学生学习和参考。

本次修订严格按照职业教育人才培养方案规定的培养目标进行编写，注重设计理论分析与设计实践价值的有机结合，将建筑设计、室内设计创新能力和设计想象能力培养作为训练的项目和任务，促进学生的设计创新思维的建立和设计创造能力的提高。在编写思路上注重理论与实践的结合，实用性强，有明确的学习方法和思维扩展训练。本书修订完成后，语言朴实，深入浅出，图文并茂，学生如能仔细研读和分析书中的图片和案例，可以形成较为系统的建筑与室内设计理论体系，为今后从事相关的建筑设计工作提供理论支撑。本教材所收录的大量精美图片资料具备较高的参考和收藏价值，可以提升学生的审美修养。

本书可作为高职高专类院校建筑设计、室内设计和环境艺术设计专业基础教材使用，也可以作为业余爱好者的自学辅导用书。

本书第2版在编写过程中得到了广州城建职业学院建筑工程学院广大师生的大力支持和帮助，在此表示衷心的感谢。由于编者的学术水平有限，本书可能存在一些不足之处，敬请读者批评指正。

为方便读者更好地学习"建筑与室内设计的风格与流派"，本书部分精美图片采用新媒体技术M⁺ Book，可扫描本书二维码通过加阅平台来欣赏。

文　健

2018 年 4 月

前　言

　　"建筑与室内设计的风格与流派"是建筑学、环境艺术设计和室内设计等专业的一门必修课程。这门课程对于提高学生的设计理论修养起着至关重要的作用。本书从建筑史和室内设计发展史两个角度，详细地阐述了建筑与室内设计的风格与流派产生的历史背景、经典作品和代表人物。理论讲解细致，内容全面，条理清晰，深入浅出，有助于学生理清历史脉络，全面掌握建筑与室内设计的发展历程，为今后从事相关的设计工作积累大量的视觉经验和素材。本书的图片全部为彩图，且都是通过精挑细选而来，能帮助学生更加形象直观地理解理论知识，同时这些精美的图片还具有较高的参考和收藏价值。

　　实用是本书的主要特点之一。本书以历史发展进程为索引，展现了东西方各个历史时期的经典建筑和优秀室内设计作品。全书语言朴实，由浅入深，循序渐进，围绕经典建筑和代表人物进行分析和讲解，省去了不必要的旁枝末节，使学生学习时更容易掌握重点。本书可作为应用型本科院校和高职高专院校专业教材使用，也可作为业余爱好者和自学者的辅导用书。

　　本书在编写过程中得到了广州城建职业学院广大师生的大力支持和帮助，在此表示衷心的感谢。由于编者的学术水平有限，本书可能存在一些不足之处，敬请读者批评指正。

文　健

2007 年 3 月

目 录 ————————

第 一 章

西方古代建筑与室内设计

第一节　建筑与室内设计的风格与流派概述

建筑与室内设计的风格与流派体现着特定历史时期的文化，蕴含着一个时代人们的居住要求和品味。将各时期室内设计风格与流派中精华的部分，合理有效地运用到当代室内装饰工程设计中，将会使室内环境更加丰富多彩。同时，通过室内设计风格与流派的学习，还能为相关室内设计人员的设计分析和创作带来有益的参考与借鉴。

一、风格与流派的含义

风格即风度品格，它体现着创作中的艺术特色和个性。流派是指学术、文艺方面的派别，这里指室内设计的艺术派别。

二、风格与流派的成因和影响

建筑与室内设计风格与流派的形成，是不同的时代思潮和地区特点通过人们的创作构思逐渐发展而成的具有代表性的建筑与室内设计形式。建筑与室内设计风格与流派的形成与当时的人文因素和自然条件密切相关，不同的历史时期蕴含着不同的历史文化，使得建筑与室内设计风格与流派呈现出多元化的特点，与艺术史、文学史和家具史紧密联系。本书侧重于从建筑史的角度来探讨室内设计风格与流派的演变过程。

三、建筑与室内设计的风格与流派在现代室内设计中的意义和作用

伴随着我国经济的飞速发展，人民生活水平不断提高。室内设计改变了人们的生活方式，创造了新的生活理念，越来越受到人们的关注，成为人们生活中的一个热点。在为各行业的业主进行设计时，人们会根据自己的喜好，提出各种各样的要求，也就是要求室内空间有自己独特的风格和品味。设计师应根据业主的要求定位自己的设计，设计出既符合业主意愿，又具有历史文化积淀、有特色、有品味的室内环境。历史上众多的室内设计风格与流派，为室内设计师提供了大量的案例和素材，丰富了室内设计师的设计思维。

四、室内设计的风格与流派

目前室内设计的发展已相对成熟，在对空间形态、陈设艺术和装饰艺术等审美要素的不断更新过程中，出现了众多的经典样式，也出现了极盛一时的风格和流派。建筑与室内设计的风格与流派主要分为传统风格样式和现代风格样式两大类，传统风格样式按地域划分为西方传统风格和东方传统风格。西方传统风格主要包括 19 世纪以前形成的建筑与室内设计风格特征。

第二节　古埃及、古希腊、古罗马和拜占庭的建筑与室内设计

一、古埃及的建筑与室内设计

古埃及位于非洲北部的尼罗河流域，这里是人类文明的发源地之一，被称为世界四大文明古国。古埃及人创造了人类最早的、一流的建筑，以及和建筑相适应的室内装饰艺术。他们制定出了世界上最早

的太阳历，发展了几何学和测量学，运用正投影作图法绘制建筑的平面图、立面图和剖面图，并且能熟练地使用比例尺。古埃及保留至今的主要建筑是法老的墓穴和太阳神庙，其中最著名的是金字塔和卡纳克阿蒙神庙。

　　金字塔是古埃及帝王法老的陵墓，被誉为"世界七大奇迹"之一，距今已有4 500余年的历史，由于它形似汉字中的"金"字，因而被称为"金字塔"。金字塔主要分布在开罗西南、尼罗河以西的古城孟菲斯一带。其中第四王朝法老胡夫的金字塔陵墓最大，它建于公元前27世纪，高146.5米，相当于40层高的摩天大楼，底边各长230米，由230万块重约2.5吨的大石块叠成，占地53 900平方米。塔内有走廊、阶梯和厅室及各种贵重装饰品，塔东南有巨大的狮身人面像，全部工程历时30余年才最后完成，凝聚了古埃及人无数的心血和智慧。金字塔和狮身人面像如图1-1和图1-2所示。

图1-1　金字塔

图1-2　狮身人面像

卡纳克阿蒙神庙是古埃及人供奉神灵的地方，其内部的多柱厅是整座神庙最宏伟的部分，由16行134根柱子排列而成，柱子高大挺拔，表面刻有文字和彩色图案装饰。人置身于这些柱子中会感觉到自身的渺小和神的力量的强大，如图1-3所示。

在室内设计中，古埃及人以精巧的手艺将石头和木料制造成生产工具、家具、器具和装饰品，并以此来装饰室内空间。古埃及人还运用浅浮雕和绘制壁画的手法来装饰室内墙面，使室内墙面呈现出精美的艺术效果，画面内容以祭祀、狩猎和生活场景为主，反映了古埃及人的自然审美观，如图1-4～图1-8所示。

图1-3　卡纳克阿蒙神庙多柱厅

图1-4　法老王座

图1-5　室内浅浮雕（1）

图 1-6　室内浅浮雕（2）

图 1-7　室内壁画

图 1-8　室内浅浮雕和壁画

二、古希腊的建筑与室内设计

　　古希腊包括希腊半岛、爱琴海及所属岛屿和小亚细亚西岸地区。古希腊人创造的爱琴文明对欧洲及世界都产生了深远的影响，被誉为欧洲文明的发源地。古希腊对建筑与室内设计贡献最大的是三种柱式，分别是多立克柱式、爱奥尼克柱式和科林斯柱式。

　　多立克柱式粗壮厚重，简洁朴素，比例完美和谐，柱子的高度为柱底直径的 4～6 倍，柱身下粗上细，有 16～20 条浅凹槽装饰。柱头由圆盘托着一块方石板，柱础直接置于石台上，没有基座。采用多立克柱式的经典建筑是位于雅典卫城的帕特农神庙。

帕特农神庙建于公元前5世纪，是为雅典城邦守护神雅典娜而建的祭殿。神庙背西朝东，长约69.49米，宽约30.78米，耸立于3层台阶上，玉阶巨柱，画栋镂檐，遍饰浮雕，蔚为壮观。整个庙宇由凿有凹槽的46根大理石柱环绕，柱间用大理石砌成的92堵殿墙上，雕刻着栩栩如生的各种神像和珍禽异兽。神庙有两个主殿：祭殿和女神殿，从神庙前门可进祭殿，踏后门可入女神殿。在东边的人字墙上的一组浮雕，镌刻着智慧女神雅典娜从万神之主宙斯头里诞生的生动图案；在西边的人字墙上雕绘着雅典娜与海神波塞冬争当雅典守护神的场面。传说她和海神波塞冬争夺这座城市的监护权，宙斯决定：谁能给人类一件有用的东西，城就归谁。波塞冬用他的三叉戟敲了一下这个城的岩石，一匹战马破石而出，这是战争的象征；雅典娜则用她的长矛敲了一下岩石，岩石上长出一株橄榄树，这被人们认为是和平的象征。结果，这座城归了雅典娜，从此她便成为雅典的守护神，希腊首都雅典就是以雅典娜的名字命名的。帕特农神庙是希腊全盛时期建筑与雕刻的主要代表，有"希腊国宝"之称，也是人类艺术宝库中一颗璀璨的明珠，如图1-9所示。

图1-9　帕特农神庙

爱奥尼克柱式典雅清秀、精致华美，柱子的高度为柱底直径的8～10倍，柱身水平垂直，凹槽一般为24条。柱头是两对精致的旋转涡形花饰，柱础由两层凸形圆板和一层方形板组合而成，如图1-10和图1-11所示。

图1-10　爱奥尼克柱式神庙

科林斯柱式精致华丽、美观大方，柱头是多层重叠的卷叶形装饰，好像盛满花草的花篮（如图1-12所示），柱身和柱础与爱奥尼克柱式相似。

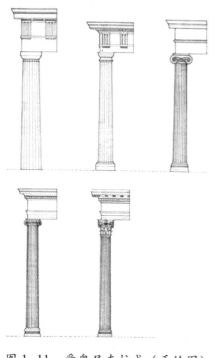

图1-11　爱奥尼克柱式（手绘图）

图1-12　科林斯柱头

三、古罗马的建筑与室内设计

公元前2世纪，古罗马人征服古希腊，古罗马文化得到飞速发展。古罗马人在建筑与室内设计中更加强调组织性和技术性，这一时期开始广泛应用券拱和穹顶技术，并达到相当高的水平，形成了古罗马建筑的重要特征。从古希腊的基础上发展了5种柱式，即多立克柱式、爱奥尼克柱式、科林斯柱式、塔司干柱式和组合柱式。古罗马建筑有许多连续而有节奏的券柱式窗口，形成强烈的秩序感和韵律感。券洞套在两个柱式的开间里，形成优美的对称效果。古罗马建筑的室内倾向华丽、精致的装饰，广泛采用具有透视效果的壁画，这种装饰手法至今仍被应用于室内设计中。古罗马建筑的代表是万神庙和古罗马斗兽场。

万神庙是古罗马人祭祀神灵的场所，入口门廊处由8根科林斯柱子组成，显得大气、庄重。圆形正殿由一个直径43.5米的大穹顶围合而成，使整体空间有一种雄浑、协调之感。穹顶中间有一个大开洞，阳光通过此处照射进来，营造出一种神圣、崇高的气氛，如图1-13和图1-14所示。

图1-13　万神庙俯瞰

图1-14　万神庙的穹顶

古罗马斗兽场位于意大利首都罗马市中心威尼斯广场的东南面，是古罗马帝国和罗马城的象征，也是古罗马建筑中最卓越、最著名的代表。这里曾是古罗马角斗士与猛兽搏斗、厮杀以取悦皇帝、王公和贵族的地方。斗兽场平面呈椭圆形，占地约 2 万平方米，外围墙高 57 米，相当于现代 19 层楼房的高度。该建筑为 4 层结构，外部全由大理石包裹，下面 3 层分别有 80 个圆拱，其柱形极具特色，按照多立克柱式、爱奥尼克柱式和科林斯柱式的标准顺序排列，第 4 层则以小窗和壁柱装饰。场中间为角斗台，长 86 米，宽 63 米，仍为椭圆形，相当于一个标准足球场的大小。角斗台下是地窖，关押猛兽和角斗士。角斗台周围的看台分为 3 个区，底层的第一区是皇帝和贵族的坐席，第二层为罗马高阶层市民席，第三层则为一般平民的坐席，再往上就是大阳台，一般观众只能在此处站着观看表演。场内看台共可容纳观众 5 万多人，底层地面有 80 个出入口，可确保在 15 分钟至 30 分钟内把场内 5 万名观众全部疏散离场。古罗马斗兽场是在建筑史上堪称典范的杰作和奇迹，以庞大、雄伟和壮观闻名于世，如图 1-15～图 1-17 所示。

图 1-15　古罗马斗兽场外观（1）

图 1-16　古罗马斗兽场外观（2）

图 1-17　古罗马斗兽场内景

四、拜占庭的建筑与室内设计

拜占庭文化是受到古罗马遗风、基督教和东方文化三部分影响的独特文化。拜占庭的穹顶技术和集中式形制是在波斯和西亚的经验上发展起来的。同时，受到基督教的影响，拜占庭建筑在内部装饰上，墙面贴彩色大理石板，拱券和穹顶用马赛克或粉画。柱子与传统的希腊柱式不同，具有拜占庭独特的特点，柱头呈方锥形，并刻有植物或动物图案。拜占庭建筑的代表是位于土耳其伊斯坦布尔的圣索菲亚大教堂，它采用了穹隆顶巴西利亚卡式布局，教堂室内装饰极为华丽，柱墩和墙面用彩色大理石贴面，柱子大多是深绿色的，柱头都是贴着金箔的白色大理石，整个大殿空间高大宽敞，气势雄伟，金碧辉煌，充分体现了拜占庭帝国的宏大气势，如图 1-18 和图 1-19 所示。

图 1-18　圣索菲亚大教堂外观

图 1-19 圣索菲亚大教堂室内

1. 古埃及最伟大的建筑是什么？
2. 古希腊建筑中使用的三大柱式是什么？
3. 古罗马斗兽场的建筑特征是什么？

第三节 中世纪欧洲的建筑与室内设计

中世纪欧洲的建筑与室内设计是伴随着基督教的兴盛和教堂的兴起而发展起来的。在中世纪的欧洲，基督教逐渐成为统治阶级服务的正统宗教，教徒越来越多。为满足教徒朝圣的需要，欧洲各地修建了许多宏伟、壮观的教堂，这些教堂建筑成为欧洲中世纪建筑与室内设计的代表。

中世纪欧洲的建筑与室内设计可分为两个代表时期：一个是罗马式建筑风格时期，另一个是哥特式建筑风格时期。

一、罗马式建筑风格时期的建筑与室内设计

罗马式这个名称是 19 世纪开始使用的，含有"与古罗马设计相似"的意思，它是指西欧于 11 世纪晚期发展起来并成熟于 12 世纪的建筑样式。这一时期的主要特点是其结构来源于古罗马的建筑构造方式，即采用了典型的罗马拱券结构和半圆形拱顶。在这一时期主要有简拱和十字交叉拱两种拱形，其中十字交叉拱成为罗马式的主要代表形式。这一时期的代表建筑有意大利比萨大教堂、圣马可教堂和英国的沃尔姆斯教堂等。

比萨大教堂位于意大利中部的托斯卡纳省省会比萨，从 1068 年开始花了 50 年时间才建成。教堂的主体建筑由洗礼堂、主教堂和塔楼三部分组成。

洗礼堂位于主教堂前面，与教堂在同一条中轴线上，塔楼在教堂的东南角，这两个圆形建筑在空间上与主教堂相映成趣，美观和谐。洗礼堂的穹顶用红色大理石砌成，色彩庄重、典雅；其外墙墙面用白色大理石，表面装饰华美，一圈精致的尖拱券环绕着红色的中央大圆穹顶，再经过周围绿草地的映衬，构成一幅精美的画面。

主教堂整体建筑呈十字形，纵深 100 余米，正面有 4 层圆柱装饰，正面和入口处的大门上有罗马风格的雕像，大门的样式采用古罗马的拱券式结构，墙面为白色大理石。

塔楼呈圆柱形，共有 8 层，高约 56 米，偏离垂直线 5.2 米，这就是著名的比萨斜塔。其倾斜的原因主要是由于地基不牢固，但这也使这座建筑具备了独特的魅力。

比萨大教堂、比萨斜塔和圣马可教堂如图 1-20～图 1-24 所示。

图 1-20　比萨大教堂洗礼堂

图 1-21　比萨大教堂主教堂

图 1-22　比萨斜塔

图 1-23　圣马可教堂（1）

图1-24　圣马可教堂（2）

罗马式风格的室内设计在空间布局上采用中轴线对称的方法，以神坛为中心两边的座位和柱廊呈平行对称分布。这种布局方式使室内空间显得庄重、典雅。柱子的高度和间隔宽度遵循和谐的比例，柱子顶部采用半圆形券，形成连续而有节奏的韵律美，墙面常绘制金碧辉煌的壁画和图案，与室内整体空间结构自然融合在一起，如图1-25所示。

图1-25　比萨大教堂主教堂室内

二、哥特式建筑风格时期的建筑与室内设计

哥特式建筑始于12世纪中叶，并于13世纪随着大教堂的修建而达到它的经典时期。哥特式建筑以法国为中心，后遍及欧洲。

哥特式建筑风格的形成取决于新的结构方式的产生，哥特式建筑的结构方式由十字拱演变成十字尖拱，并使尖拱成为带有肋拱的框架形。轻盈细长的十字尖拱使哥特式建筑的内部空间形成向上的耸立效果，产生升腾和神圣的感觉。彩色玻璃窗是哥特式建筑的典型符号，由半透明的彩色玻璃镶嵌组合而成，玻璃的颜色丰富，形式美感强。从玻璃窗折射入室内的有色光，增加了浓厚的宗教气氛，此种窗式后来被称为玫瑰窗。

哥特式建筑风格的代表是哥特式教堂。哥特式教堂在平面布局上呈十字形，并且纵长横短，被称为"拉丁十字"，喻为耶稣受难的十字架。

哥特式教堂的外形宏伟、壮观，有许多尖塔高耸入云，像一把把的利剑。教堂外部有许多人物雕像，这些人物取材于圣经，具有宗教的象征意义。哥特式建筑风格的代表包括法国的巴黎圣母院、德国的科隆大教堂和意大利的米兰大教堂等。

巴黎圣母院坐落于巴黎市中心塞纳河中的西岱岛上，始建于1163年，是巴黎大主教莫里斯·德·苏利决定兴建的，整座教堂在1345年才全部建成，历时180多年。它是巴黎最古老、最高大的天主教堂，在欧洲建筑史上具有划时代的意义。

巴黎圣母院是一座典型的哥特式教堂，教堂的正西侧外立面风格独特，结构严谨，看上去十分雄伟庄严。它被壁柱纵向分隔为三大块，三条装饰带又将它横向划分为三部分。其中，最下面有三个内凹的门洞，门洞上方是所谓的"国王廊"，上有分别代表以色列和犹太国历代国王的二十八尊雕塑。1793年，大革命中的巴黎人民将其误认作他们痛恨的法国国王的形象而将它们捣毁，但是后来，雕像又重新被复原并放回原位。"国王廊"上面为中央部分，两侧为两个巨大的石质尖拱形窗子，中间一个玫瑰花形的大圆窗，其直径约10米，建于1220—1225年。中央供奉着圣母和圣婴，两边立着天使的塑像，两侧立着的是亚当和夏娃的塑像。教堂内部极为朴素，几乎没有什么装饰。大厅可容纳9 000人，其中1 500人可坐在讲台上。

巴黎圣母院虽然是一幢宗教建筑，但它闪烁着法国人民的智慧，反映了人们对美好生活的追求与向往，如图1-26～图1-34所示。

图1-26 巴黎圣母院正面外观

图 1-27 巴黎圣母院外墙雕塑（1）

图 1-28 巴黎圣母院外墙雕塑（2）

图 1-29 巴黎圣母院南侧外观（1）

图 1-30　巴黎圣母院南侧外观（2）

图 1-31　巴黎圣母院南侧外观（3）

图1-32 巴黎圣母院室内玫瑰窗

图1-33 巴黎圣母院室内十字尖拱

图1-34 巴黎圣母院室内

科隆大教堂坐落在德国科隆市中心，是德国最大的教堂，以轻盈、雅致闻名于世界，是欧洲中世纪哥特式建筑艺术的代表，也可以说是世界上最完美的哥特式教堂。它与巴黎圣母院和罗马圣彼得大教堂并称为欧洲三大宗教建筑。

科隆大教堂始建于1248年，一直到1880年建成，建筑期长达632年，堪称世界之最。大教堂工程规模浩大，至今仍保存着成千上万张设计图，除了它自身特有的艺术价值外，它还表现了欧洲基督教的力量和耐力。

　　科隆大教堂占地8 000平方米，建筑面积约6 000平方米，东西长144.55米，南北宽86.25米，主体部分就有135米高。大门两边的两座尖塔高达157.38米，像两把锋利的宝剑，直插云霄。

　　科隆大教堂全部由磨光的石块建成，整个工程共用去40万吨石材，加工后的构件总重16万吨，并且每个构件都十分精确。教堂内分为5个礼拜堂，中央大礼拜堂穹顶高达43.35米，中厅跨度为15.5米，各堂排有整齐的木制席位，圣职人员的座位有104个。教堂内部装饰也十分讲究，窗户都用彩色玻璃镶嵌出图画，图画上是圣经故事，在阳光的反射下，这些玻璃金光闪烁，绚丽多彩。教堂内还有好几幅石刻浮雕，描绘出圣母玛丽亚和耶稣的故事。

　　科隆大教堂如图1-35～图1-42所示。

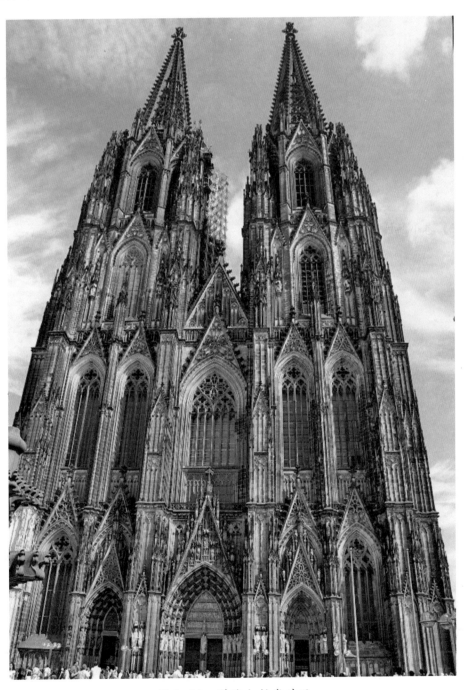

图1-35　科隆大教堂外观

图 1-36　科隆大教堂外观夜景

图 1-37　科隆大教堂外墙雕塑（1）

图 1-38　科隆大教堂外墙雕塑（2）

图 1-39　科隆大教堂室内（1）

图 1-40　科隆大教堂室内（2）

图 1-41　科隆大教堂室内玻璃窗

图 1-42　科隆大教堂室内装饰

其他哥特式教堂的代表如图 1-43～图 1-45 所示。

图 1-43　米兰大教堂外观（1）

图 1-44　米兰大教堂外观（2）

图 1-45　法国亚眠大教堂

1. 罗马式建筑的特点是什么？
2. 哥特式建筑的特点是什么？

第四节　文艺复兴时期及以后的建筑与室内设计

文艺复兴是14—16世纪在意大利兴起、后来在欧洲盛行的一个思想文化运动。它带来了一场科学与艺术的革命，揭开了欧洲现代史的序幕，被认为是中古时代和近代的分水岭。

"文艺复兴"一词源于意大利语，为再生复兴的意思，即复兴古希腊和古罗马的古典文化。

一、文艺复兴时期的建筑和室内设计

文艺复兴时期的建筑和室内设计最明显的特征就是抛弃了中世纪时期的哥特式风格，在宗教和世俗建筑上重新采用体现着和谐与理性的古希腊、古罗马时期的柱式。此外，人体雕塑、大型壁画、线型图案和锻铁饰件等开始用于室内装饰。这一时期涌现出许多艺术大师和建筑大师，如伯鲁乃列斯基、阿尔伯蒂、达·芬奇和米开朗基罗等。他们参照人体尺度，运用数学与几何知识，分析古典艺术的内在审美规律，并将这些法则用于建筑和室内设计中。

 小资料

阿尔伯蒂经典语录

1. 所有的建筑物，如果你们认为它很好的话，都产生于"需要"，受"适用"的调养，被"功效"润色；"赏心悦目"在最后考虑。那些没有节制的东西是从来不会真正地使人赏心悦目的。（摘自《论建筑》卷Ⅰ，第九节）

2. 我希望，在任何时候，任何场合，建筑师都表现出来把实用和节俭放到第一位的愿望。甚至在做装饰的时候，也应该把它们做得像是首先为实用而做的。（摘自《论建筑》卷Ⅹ，第十节）

3. 你的全部心思、努力和牺牲都应该用于使你建造的无论什么东西都不仅有用和方便，而且还要打扮得漂亮，这就是说，看起来快活。（摘自《论建筑》卷Ⅵ，第二节）

4. 我们从任何一个建筑物上所感觉到的赏心悦目，都是美和装饰引起来的，……如果说任何事物都需要美，那么，建筑物尤其需要。建筑物决不能没有它，……（摘自《论建筑》卷Ⅵ，第二节）

5. "美是内在的……，"装饰是一种后加的或附带的东西。（摘自《论建筑》卷Ⅵ，第二节）

6. 我认为美就是各部分和谐，不论是什么主题，这部分都应该按这样的比例和关系协调起来，以致既不能再增加什么，也不能减少或更动什么，除非有意破坏它。（摘自《论建筑》卷Ⅵ，第二节）

7. 卓越的建筑物需要卓越的局部。（卷Ⅰ，第九节）。有一个由各个部分的结合和联系所引起的，并给予整体以美和优雅的东西，这就是一致性，我们可以把它看作一切优雅的和漂亮的事物的根本。一致性的作用是把本质各不相同的部分组成一个美丽的整体。（摘自《论建筑》卷Ⅸ，第五节）

8. 宇宙永恒地运动着，在它的一切动作中贯串着不变的类似。那些使声音组织得悦耳的数字，也就是使我们眼睛和头脑舒服的数字。我们应该从音乐家那里借用一切有关和谐的规则。（摘自《论建筑》卷Ⅸ，第五节）

9. 美要符合和谐所要求的严格数字，这些数字限制和调整各构成部分间的某种调和与呼应，这是自然的绝对而又首要的原则。（摘自《论建筑》卷Ⅸ，第五节）

文艺复兴时期最著名的建筑是位于梵蒂冈的圣彼得大教堂，它是现存世界上最大的教堂，气势恢弘，精雕细刻，集中了无数优秀建筑师、艺术家和雕塑家的心血。

圣彼得大教堂位于意大利首都罗马西北的梵蒂冈，1506年开始修建，1626年建成，历时120年。圣彼得大教堂是一座长方形的教堂，长230米，拱顶高38米，整栋建筑呈现出一个十字架的结构，造型传统而神圣。教堂正门用一排科林斯柱式来装饰，门窗则用古罗马的拱券形样式，屋顶上立有13尊雕像，都以《圣经》里的人物为题材。

教堂内部空间采用对称布局的方式，高度与宽度的比例更加和谐。墙面和天花板用壁画和浅浮雕装饰，墙上还设置许多壁龛，内有雕刻精美的人物塑像。这些绘画和雕像不少是名家作品，其中最引人注目的雕刻艺术杰作主要有三件。

第一件是米开朗基罗24岁时的雕塑作品《耶稣受难》。作品中圣母怀抱着死去的儿子，内心的悲痛感和对上帝意旨的顺从感被表现得淋漓尽致。

第二件是贝尔尼尼设计的青铜华盖。它由4根螺旋形铜柱支撑，足有5层楼的高度，铜柱表面雕刻精美，柱头采用古希腊的爱奥尼克式，顶盖呈王冠形，四周立有雕像。华盖前面的半圆形栏杆上永远燃着99盏长明灯，而下方则是祭坛和圣彼得的坟墓，只有教皇才可以在这座祭坛上，面对东升的旭日，当着朝圣者举行弥撒。

第三件是贝尔尼尼设计的圣彼得宝座。宝座上方是光芒四射的荣耀龛及象牙饰物的木椅，椅背上有两个小天使，手持开启天国的钥匙和教皇三重冠。传说这把木椅是圣彼得的真正御座，后经考证为加洛林国王泰查二世所赠送。

圣彼得大教堂正前的露天广场就是闻名世界的圣彼得广场，建于1667年，呈椭圆形，广场正中央耸立着埃及方尖碑，两旁有美丽的喷泉，围绕着这片广场的两边还各有两排排列整齐的高大石柱，共284根，形成两条圆弧形的走廊包围着这个广场。廊顶立着142尊圣人的雕像，整片广场显得雄伟、壮观。

文艺复兴时期的建筑与室内设计如图1-46～图1-52所示。

图1-46　圣彼得大教堂正门

图 1-47 圣彼得大教堂内的雕塑《耶稣受难》

图 1-48 贝尔尼尼设计的青铜华盖

图 1-49 圣彼得大教堂室内

图 1-50　圣彼得大教堂室内穹顶

图 1-51　圣彼得大教堂广场

图 1-52　圣彼得大教堂广场上的雕像

二、巴洛克风格时期的建筑与室内设计

巴洛克风格兴起于 16 世纪下半叶，后风靡整个欧洲。巴洛克风格反对僵化的古典形式，追求自由奔放的格调和美好的世俗情趣。其具有以下特点。

（1）在造型上以椭圆形、曲线和曲面为主要形式，强调变化和动感。

（2）将建筑空间设计与绘画和雕塑相结合，营造出富丽堂皇的室内效果。

（3）室内色彩以红、黄等纯色为主，并大量饰以金箔、宝石和青铜等材料进行装饰，表现奢华的效果。

巴洛克风格的代表作品有意大利的耶稣会教堂、法国的凡尔赛宫和奥地利的麦尔克修道院等。

凡尔赛宫位于法国巴黎西南郊外伊夫林省省会凡尔赛镇。1682—1789 年是法国的王宫。凡尔赛宫宫殿为古典主义风格建筑，立面为标准的古典主义三段式处理，即将立面划分为纵、横三段，建筑左右对称，造型轮廓整齐，庄重雄伟，被称为是理性美的代表。其内部装潢则以巴洛克风格为主，少数厅堂为洛可可风格。

凡尔赛宫最著名的大厅是镜厅，由敞廊改建而成，长 76 米，高 13 米，宽 10.5 米，一面是面向花园的 17 扇巨大落地玻璃窗，另一面是由 400 多块镜子组成的巨大镜面。厅内地板为细木雕花，墙壁以淡紫色和白色大理石贴面装饰，柱子为绿色大理石。柱头、柱脚和护壁均为黄铜镀金，装饰图案的主题是展开双翼的太阳，表示对路易十四的崇敬。天花板上为 24 盏巨大的波希米亚水晶吊灯，以及歌颂太阳王功德的油画。大厅东面中央是通往国王寝宫的四扇大门。路易十四时代，镜厅中的花木盆景装饰也都是纯银打造，经常在这里举行盛大的化妆舞会。

巴洛克风格时期的建筑与室内设计如图 1-53～图 1-64 所示。

图 1-53 巴洛克风格室内设计 (1)

图 1-54 巴洛克风格室内设计 (2)

图 1-55 威斯朝圣教堂室内

图 1-56　巴洛克风格华盖

图 1-57　巴洛克风格室内雕塑

图 1-58　凡尔赛宫外观

图 1-59　凡尔赛宫镜厅

图 1-60　凡尔赛宫镜厅天花板

图 1-61　凡尔赛宫室内天花板

图 1-62　凡尔赛宫室内壁画

图 1-63　凡尔赛宫室内灯座和墙面

图 1-64　凡尔赛宫室内餐厅

三、洛可可风格时期的建筑与室内设计

洛可可艺术是法国 18 世纪的代表艺术样式，它起源于路易十四（1643—1715）时代晚期，流行于路易十五（1715—1774）时代，以纤巧、精美、浮华和繁琐为特点，又称"路易十五式"。

"洛可可"一词来源法语，是指岩石和贝壳的意思。法语常用 rocaille 称谓岩洞（也有一说是文艺复兴时代传到意大利的中国假山设计）和庭园中的贝壳工艺，洛可可即由岩状工艺和贝壳工艺引申而来，指室内装饰、建筑、绘画、雕刻和家具等方面的一种流行艺术风格。

洛可可风格是在巴洛克风格基础上发展起来的一种纯装饰性的风格。18 世纪初法国君权衰退，在贵族统治阶层开始流行"及时行乐"的思想，崇尚妖媚奢靡、逍遥自在的生活方式，洛可可艺术便应运而生。

洛可可艺术在设计上追求华丽、精致和繁复的艺术效果，其装饰特点如下。

（1）室内装饰呈平面化，注重曲线的使用，常用 C 形、S 形和漩涡形等曲线作为装饰图案。

（2）装饰题材趋向自然主义，常用千变万化的卷形草叶。此外，还有贝壳、棕榈等。

（3）室内色彩以鲜艳的颜色为主，如靛蓝、嫩绿和玫瑰红等。

（4）喜欢闪烁的光泽，大量镶嵌镜子，悬挂晶体玻璃的吊灯，墙面多用磨光的大理石，喜爱在镜前安装烛台，造成摇摆的迷离效果。

洛可可风格的代表作品有巴黎苏比兹公馆、巴黎图鲁兹府邸的"黄金大厅"和德国的阿玛林堡别墅等，如图 1-65～图 1-73 所示。

图 1-65　巴黎苏比兹公馆室内

图 1-66 费斯堡住宅室内

图 1-67 凡尔赛宫路易十五寝室

图 1-68 黄金大厅

图 1-69　阿玛林堡室内

图 1-70　圣约翰教堂室内

图 1-71　加伦堡别墅室内

图 1-72　布鲁尔城堡室内

图 1-73　西班牙马德里皇宫

四、新古典主义风格时期的建筑与室内设计

18 世纪中叶，在法国和英国兴起了以复兴古典文化为宗旨的新古典主义风格。当时考古取得重大发现，发掘出土了大批古希腊和古罗马的建筑艺术珍品，使人们对古希腊和古罗马的文化产生了浓厚的兴趣，也影响到建筑和室内设计领域，其在建筑和室内设计上的特点如下。

（1）采用严谨的古希腊和古罗马建筑形式，如对称式布局、中央大穹顶等。

（2）采用多立克柱式、爱奥尼柱式和科林斯柱式等古典柱式，喜欢将人像雕塑作为室内陈设。

（3）在设计上讲究以功能性为主要目的，按功能需求布置室内。

（4）室内造型以几何形为主，提倡简洁、自然的设计理念。

新古典主义风格的代表作品有英国的圣保罗大教堂、兰斯顿公馆和法国巴黎的先贤祠等。

圣保罗大教堂位于伦敦城西部的漫坡山上，由英国建筑师克里斯多佛·雷恩（Christopher Wren，1632—1723）设计，建造于 1675 年，1710 年完成，是世界第二大圆顶教堂，仅次于梵蒂冈的圣彼得教堂，也是英国新古典主义建筑的代表。

圣保罗大教堂总高 108 米，平面由精确的几何图形组成，布局对称，中央穹顶高耸，由底下两层鼓形座承托。穹顶直径 34.2 米，有内外两层，可以减轻结构重量。正门的柱廊也分为两层，恰当地表现出建筑物的尺度。四周的墙用双壁柱均匀划分，每个开间和其中的窗子都处理成同一式样，使建筑物显得完整、严谨。

新古典主义风格时期的建筑与室内设计如图 1-74～图 1-82 所示。

图 1-74　圣保罗大教堂

图 1-75　法国先贤祠

图 1-76　巴黎先贤祠室内 (1)

图 1-77　巴黎先贤祠室内 (2)

图 1-78　美国国会大厦

图 1-79　兰斯顿公馆室内

图 1-80　新古典主义风格室内设计（1）

图 1-81　新古典主义风格室内设计（2）

图 1-82　新古典主义风格室内设计（3）

五、浪漫主义风格时期的建筑与室内设计

18 世纪下半叶，英国首先出现了浪漫主义建筑思潮。它主张发扬个性，提倡自然主义，反对僵化的古典主义。其具体表现在追求中世纪的艺术形式和趣味非凡的异国情调。由于它更多地以哥特式建筑形象出现，又被称为"哥特复兴"。浪漫主义建筑的代表是英国议会大厦和德国新天鹅城堡等，如图 1-83～图 1-86 所示。

图 1-83　英国议会大厦（1）

英国议会大厦位于伦敦市中心区的泰晤士河畔，是19世纪中期英国最主要的浪漫主义风格建筑。大厦建在泰晤士河畔一个近于梯形的地段上，主体部分沿着南北方向成平行展开，主立面长达273米，面向泰晤士河。整个建筑占地3.5公顷，有上千个厅堂房间，楼梯近百个，走廊通往建筑物的各个角落，总长度达11千米。整个建筑物中西南角的维多利亚塔最高，达103米。此外，高达97米的钟楼也很引人注目，上有著名的"大笨钟"，重达26吨。四角的四个小尖塔虽然不是最高，但它们直接自地面升起，显得特别雄伟挺拔。

图 1-84　英国议会大厦（2）

图 1-85　德国新天鹅城堡

图 1-86 德国新天鹅城堡室内

六、折中主义风格时期的建筑与室内设计

折中主义风格于 19 世纪上半叶开始兴起一直延续到 20 世纪初。其主要特点是追求形式美，讲究比例，注意形体的推敲，没有严格固定的程式，任意模仿历史上的各种风格和样式进行自由组合。由于时代的进步，折中主义反映的是创新的愿望，促进新观念和新形式的形成，极大地丰富了建筑文化的面貌。折中主义建筑的代表是巴黎歌剧院。

巴黎歌剧院是法国皇帝和贵族欣赏歌剧的场所，1875 年由建筑师加尼叶设计并建造完成。歌剧院建筑外观和室内装饰都十分华丽，大量运用大理石和青铜等材料，配合红沙发、红布幔、红丝绒壁纸和豪华水晶大吊灯，使室内空间效果显得尊贵、典雅、气度非凡。歌剧院内还陈列有许多大音乐家的石雕像，雕刻细致、传神，犹如大师再生。巴黎歌剧院如图 1-87～图 1-94 所示。

图 1-87 巴黎歌剧院外观

图 1-88　巴黎歌剧院室内（1）

图 1-89　巴黎歌剧院室内（2）

图 1-90　巴黎歌剧院室内（3）

图 1-91　巴黎歌剧院室内（4）

图 1-92　巴黎歌剧院室内（5）

图 1-93　巴黎歌剧院室内（6）

1. 圣彼得大教堂的建筑特点是什么？
2. 巴洛克风格的装饰特点是什么？
3. 洛可可风格的装饰特点是什么？
4. 折中主义风格的装饰特点是什么？

图 1-94　巴黎歌剧院室内（7）

东方古代传统风格主要是以中国为中心的东亚文化、以印度为中心的佛教文化和以阿拉伯地区为中心的伊斯兰文化影响下所形成的传统风格样式。

世界古代建筑由于文化背景的不同，分为许多独立的体系，其中有的已经中断或流传不广，成就和影响也相对有限，只有中国建筑、欧洲建筑和伊斯兰建筑被公认为世界三大建筑体系。这三大建筑体系延续时间长，影响面广，成就非凡。

第一节　中国古代建筑与室内设计

中国是世界四大文明古国之一，有着悠久的历史和辉煌的文化。中国的古建筑是世界上历史最悠久、体系最完整的建筑体系。从单体建筑到院落组合，从城市规划到园林设计，中国古建筑在各个方面都在世界建筑史中处于领先地位。

中国传统风格的建筑以汉族文化为核心，深受佛、道、儒三教的影响，具有鲜明的民族性和地方特色。

中国传统风格的建筑以木建筑为主，主要采用梁柱式结构和穿斗式结构，充分发挥木材的性能，构造科学，构件规格化程度高，并注重对构件的艺术加工。

中国传统风格的建筑注重与周围环境的和谐、统一，布局匀称、均衡，井然有序。其中最具有代表性的是中国各地的民居和园林建筑。

中国疆域辽阔，历史悠远，各地自然和人文环境不尽相同，因而中国民居呈现出多样性的特点。中国民居结合当地的自然环境和气候条件，因地制宜，具有丰富的心理效应和超凡的审美意境，注重以最简便的手法创造出最宜人的居住环境。其代表有徽派民居、江南水乡民居、巴蜀民居、山西大院民居、北京四合院民居、福建客家民居和湘西民居等。

一、徽派民居

徽派民居主要分布在安徽省的皖南地区，这里在清朝末年由于徽商的崛起而富甲一方，形成了以宏村、西递和塔川等为代表的民居古村落。徽派民居风格自然古朴，清秀典雅，不矫饰做作，自然大方，顺乎形势，与大自然保持着天然的和谐。粉墙、灰瓦、天井和马头墙是徽派民居的主要建筑元素。徽派民居的建筑风格可以归纳为"三绝、三雕"，三绝指民居、祠堂和牌坊；三雕指木雕、石雕、砖雕。

徽派民居集中反映了徽州的山地特征、风水布局和地域美饰倾向，其结构多为院落式结构，一般坐北朝南，倚山面水。布局以中轴线对称为主，面阔三间，中为厅堂，两侧为室，厅堂前方称"天井"，采光通风，亦有"四水归堂"的吉祥寓意。民居外观整体性和美感很强，高墙封闭，马头翘角，墙线错落有致，黑瓦白墙，色彩典雅大方。在装饰方面，大都采用精致的雕刻工艺，如砖雕的门罩，石雕的漏窗，木雕的窗棂、楹柱等，使整个建筑精美异常。

宏村位于安徽省黄山西南麓，距黟县县城 11 公里，古取宏广发达之意，称为"弘村"。宏村始建于南宋绍兴元年（1131），至今已有 800 余年的历史。

宏村背倚黄山余脉的雷岗山，地势较高，常常云雾缭绕。这里山清水秀，人杰地灵，数百户粉墙青瓦、鳞次栉比的古民居群与周围的自然景观融为一体，清雅秀丽，古色古香，被誉为"中国画里的乡村"。

宏村的整体布局呈"牛"形结构,雷岗山为牛首;参天古木是牛角;由东而西错落有致的民居群宛如庞大的牛躯;从村西北发源的一条小溪流经各户人家,九曲十弯,聚村中天然泉水于一口斗月形的池塘,形如牛肠和牛胃;水渠最后注入村南的湖泊,形成牛肚;接着,人们又在绕村溪河上先后架起了四座桥梁,作为牛腿。历经数年,一幅牛的图腾跃然而出。这种别出心裁而又科学的村落水系设计,不仅为村民解决了消防用水,而且调节了气温,美化了环境。

宏村的建筑如图2-1~图2-8所示,其他徽派民居如图2-9~图2-12所示。

图2-1　宏村远眺(1)

图2-2　宏村远眺(2)

图 2-3 宏村的月沼池塘

图 2-4 宏村的拱桥

图 2-5 宏村的牌坊

图 2-6 宏村的小巷（1）

图 2-7　宏村的小巷（2）

图 2-8　宏村的小巷（3）

图 2-9　安徽西递

图 2-10　安徽塔川

图 2-11　安徽屯溪老街

图2-12　江西婺源

二、江南水乡民居

江南水乡民居主要分布在江苏和浙江两省，这里自古以来就山清水秀，花红柳绿，自然风光得天独厚，是一个才子佳人辈出的地方。古人形容江南美景为：小桥、流水、人家。

江南水乡民居以江南六大名镇为代表，分别是江苏的周庄、同里、甪直和浙江的乌镇、西塘、南浔。

周庄位于苏州城东南38公里，有着近九百年的历史，独特的自然环境造就了周庄"镇为泽园，四面环水""咫尺往来，皆须舟楫"的典型江南水乡风貌。著名画家吴冠中撰文说"黄山集中国山川之美，周庄集中国水乡之美"，海外报刊亦称周庄为"中国第一水乡"。

周庄镇内河道呈井字形，民居依河而建，依水成街。河岸街道狭窄迂回曲折，临河水阁石桥错落，河道上至今还保存着元、明、清三代留下的古桥14座。

乌镇位于浙江省桐乡市，是江南著名古镇之一，距今已有2 000多年的历史。乌镇完整地保存着江南水乡古镇的风貌和格局。全镇以河成街，桥街相连，依河筑屋，深宅大院，重脊高檐，河埠廊坊，过街骑楼，临河水阁，古色古香，水镇一体，呈现出一派古朴、幽静的水乡风貌。

江南水乡民居如图2-13～图2-22所示。

图 2-13　江苏周庄（1）

图 2-14　江苏周庄（2）

图 2-15　江苏同里

图 2-16　江苏角直

图 2-17　浙江乌镇 (1)

图 2-18　浙江乌镇 (2)

图 2-19 浙江乌镇（3）

图 2-20 浙江西塘

图 2-21　浙江南浔（1）

图 2-22　浙江南浔（2）

三、巴蜀民居

巴蜀地区地处中国西南部，四面环山，中间为平原，是典型的盆地地质结构。这里土地肥沃，物产丰富，自然环境幽雅，素有"天府之国"的美誉。

巴蜀文化博大精深，川渝古村落民居既有浪漫奔放的艺术风格，又蕴藏着丰富的想象力，依山傍水的建筑与自然环境紧密联系在一起，显得既豪迈大气，又不失轻巧雅致。其代表有四川的黄龙古镇、福宝古镇和重庆的龚滩古镇、偏岩古镇等。

黄龙古镇位于成都平原南部，距成都市区40公里，距今已有1 700余年的历史。镇上古牌坊、古寺庙和古建筑民居林立，有三座保存完好的寺庙，分别是古龙寺、镇江寺和潮音寺。古建筑民居则是干栏式民居的建筑样式。镇边溪水环绕整个古镇，使古镇看上去更加有灵气。

重庆龚滩古镇至今已有1 700余年的历史，地处重庆酉阳西部，阿蓬江与乌江交汇北侧，隔乌江与贵州省相望，是乌江流域上的著名险滩之一。长约2公里的青石板街和支撑于乱石悬崖上的纯木吊脚楼是龚滩古镇的两大建筑特色，被有关专家赞为"建筑艺术上的奇葩"。2001年10月，龚滩古镇被评为重庆市十大历史文化名镇之首。

巴蜀民居如图2-23～图2-39所示。

图2-23　四川黄龙古镇（1）

图2-24　四川黄龙古镇（2）

图 2-25　四川黄龙古镇 (3)

图 2-26　四川黄龙古镇 (4)

图 2-27　四川福宝古镇 (1)

图 2-28　四川福宝古镇（2）

图 2-29　四川福宝古镇（3）

图 2-30　重庆龚滩古镇（1）

图 2-31　重庆龚滩古镇（2）

图 2-32　重庆偏岩古镇

图 2-33　重庆磁器口（1）

图 2-34　重庆磁器口（2）

图 2-35　四川柳江古镇

图 2-36　四川阆中古城（1）

图 2-37　四川阆中古城（2）

图 2-38　四川阆中古城（3）　　　　　　　　　图 2-39　四川罗泉古镇

四、中国其他地方的民居

中国其他地方的民居如图 2-40～图 2-49 所示。

图 2-40　山西乔家大院

图 2-41　北京四合院

图 2-42　云南丽江古城民居

图 2-43　湖南凤凰县民居（1）

图 2-44　湖南凤凰县民居（2）

图 2-45　湖南凤凰县民居（3）

图 2-46 福建客家民居

图 2-47 广西黄姚民居

图 2-48　广东开平碉楼

图 2-49　贵州镇远民居

五、中国古典园林与传统建筑的室内装饰

　　中国古典园林设计讲究诗情画意与自然风景的完美结合，人与自然的和谐共处，强调以诗人的心理、画家的眼光和绘画的方式来营造园林景观，在有限的空间内浓缩无限的自然。中国古典园林设计还注重

各空间的相互掩映，参差交错，园中有园，景中有景，使观赏者从不同角度都能看到完美的景致。

中国传统建筑的室内装饰，从结构到装饰图案均表现出端庄的气度和儒雅的风采，家具、字画和陈设的摆放多采用对称的形式和均衡的手法，这种格局是中国传统礼教精神的直接反映。中国传统室内设计常常巧妙地运用隐喻和借景的手法，努力创造一种安宁、和谐、含蓄而清雅的意境。这种室内设计的特点也是中国传统文化、东方哲学和生活修养的集中体现，是现代室内设计可以借鉴的宝贵精神遗产。

中国古典园林如图 2-50～图 2-60 所示，中国室内传统风格如图 2-61～图 2-63 所示。

图 2-50　中国古典园林（1）

图 2-51　中国古典园林（2）

图 2-52　中国古典园林（3）

图 2-53　中国古典园林（4）

图 2-54　中国古典园林（5）

图 2-55　中国古典园林（6）

图 2-56 中国古典园林（7）

图 2-57 中国古典园林（8）

图 2-58　中国古典园林（9）

图 2-59　中国古典园林（10）

图 2-60　中国古典园林（11）

图 2-61　中国室内传统风格（1）

图 2-62　中国室内传统风格（2）

图 2-63　中国室内传统风格（3）

1. 徽派民居的建筑特征是什么？
2. 乌镇的建筑特色是什么？
3. 黄龙古镇的建筑特色是什么？
4. 中国古典园林的设计特色是什么？

第二节　古代印度、古代日本的建筑与室内设计

一、古代印度的建筑与室内设计

　　古代印度位于南亚次大陆印度河和恒河流域，是世界四大文明古国之一。那里也是佛教、婆罗门教和耆那教的发祥地，各种文化的相互交织，留下了丰富的文化遗产，也留下了无数经典的建筑。

　　古代印度的建筑与室内设计受佛教文化的影响，运用多波折、圆拱形列柱来分割空间，列柱表面采用精雕细刻的装饰和几何纹样。墙面以浮雕、半圆形雕塑和壁画为主。室内装饰和陈设艺术以丰满、华丽和厚重为特征，不惜人工的精巧雕饰为其突出的艺术特色。印度建筑的代表有泰姬陵、琥珀堡和亚格拉城堡等，如图 2-64～图 2-72 所示。

图 2-64　泰姬陵

图 2-65　琥珀堡

图 2-66　印度建筑外观雕刻

图 2-67　印度的佛像雕刻

图 2-68　印度建筑的室内柱廊

图 2-69　印度建筑的室内装饰（1）

图 2-70　印度建筑室内装饰（2）

图 2-71　印度建筑室内装饰（3）

图 2-72　亚格拉城堡

二、古代日本的建筑与室内设计

日本古代文化受到中国文化的影响，崇尚简约、自然的设计理念，讲究人与自然的完美结合。日本古代的建筑以木构架为主，采用了中国式的梁柱结构，甚至还有斗拱。其特征主要有以下几点。

（1）以朴素亲切，平易近人，富有人情味的设计为主。

（2）空间尺度小，设计细致而精巧，造型简单，色彩素雅。

（3）擅长使用草、木、竹、石和麻布等天然材料，营造出自然、朴素的室内气氛。

（4）室内常用推拉门分割空间，地面常铺榻榻米。

日本古代建筑的类型有神社、佛寺、府邸住宅、城池和天守阁等。其中，以飞鸟时代和奈良时代的建筑为代表。

日本古代建筑与室内设计如图 2-73～图 2-83 所示。

图 2-73　奈良东大寺

图 2-74　凤凰堂

图 2-75　天守阁

图 2-76　日式园林（1）

图 2-77　日式园林 (2)

图 2-78　日式园林 (3)

图 2-79　日式枯山水庭院（1）

图 2-80　日式枯山水庭院（2）

图 2-81　日式风格室内设计（1）

图 2-82　日式风格室内设计（2）

图 2-83　日式风格室内设计（3）

1. 古代印度的建筑与室内设计的艺术特色是什么？
2. 古代日本的建筑与室内设计的特征是什么？

第三节　伊斯兰传统风格的建筑和室内设计

伊斯兰建筑，西方称萨拉森建筑，包括清真寺、伊斯兰学府、哈里发宫殿、陵墓和居民住宅等，是世界建筑艺术和伊斯兰文化的重要组成部分。

伊斯兰建筑以阿拉伯民族传统的建筑形式为基础，借鉴和吸收了两河流域、伊比利亚半岛及世界各地建筑艺术精华，以其独特的风格和多样的造型，创造了一大批具有历史意义和艺术价值的经典建筑。

清真寺是伊斯兰建筑中最具代表性的建筑形式，其设计巧妙，建筑手法新颖，装饰艺术独特。室内装饰图案主要采用花叶纹和阿拉伯文字，墙面装饰用马赛克、彩色石条和浮雕，入口的屋顶则用状如钟乳石的石膏或木质材料来装饰，显得富丽堂皇，灿烂夺目。室内色彩以深黄和浅红两色为主，地面多用华丽的地毯，喜欢用大面积色彩装饰。

伊斯兰建筑的代表有西班牙科尔多瓦清真寺、阿尔罕布拉宫和耶路撒冷阿克萨清真寺等。

科尔多瓦清真寺位于西班牙的科尔多瓦市，是穆斯林在西班牙遗留下来的最为美丽的建筑，也是西班牙伊斯兰教最大的建筑。

科尔多瓦清真寺历史上曾经历过多次扩建，但建筑风格和特色并未改变，只是建筑面积越来越大，装饰也越来越丰富。科尔多瓦清真寺是按照阿拉伯传统清真寺的风格修建的，整个建筑为长方形，长约180米，宽约130米，外观巍峨雄伟。礼拜正殿是整个建筑的主体部分，其内部装饰极为豪华，由斑岩、碧玉和各种颜色的大理石石柱构筑而成，石柱统一采用科林斯柱头和4米的标准高度。现在殿内尚存850根石柱，将正殿分成南北19行，每行形成有29个拱门的翼廊，每个拱门又各有上下两层马蹄形的拱券。整座正殿石柱林立，拱廊纵横，仿佛走进了一个石柱迷宫。

伊斯兰建筑与室内设计如图2-84～图2-91所示。

图2-84　科尔多瓦清真寺室内（1）

图 2-85 科尔多瓦清真寺室内（2）

图 2-86 科尔多瓦清真寺室内（3）

图 2-87 科尔多瓦清真寺室内（4）

图 2-88　科尔多瓦清真寺室内（5）

图 2-89　阿尔罕布拉宫室内（1）

图 2-90　阿尔罕布拉宫室内（2）

图 2-91　阿尔罕布拉宫室内（3）

科尔多瓦清真寺的室内设计有什么特征?

第一节　现代主义运动时期的建筑与室内设计

西方近现代的室内设计是以 19 世纪中叶以后的工艺美术运动和新艺术运动为主线而蓬勃发展起来的。20 世纪的设计则是以现代主义设计为中心的一个多元化设计时期，尤其是在 20 世纪 60 年代以后兴起的后现代主义设计运动，使室内设计得到了前所未有的发展。

一、工艺美术运动时期的建筑与室内设计

工艺美术运动的核心是反对复古，反对学院派的保守趣味，提倡美观与实用相结合，注意平民的需要。工艺美术运动十分关心手工工艺的趣味性，反对机器产品，崇尚唯美主义，讲究室内色彩的灵活运用，强调形体的简洁和线条的清晰流畅。工艺美术运动的代表人物是英国的艺术家莫里斯，他主张"把艺术家变成手工艺者，把手工艺者变成艺术家"。他的作品如图 3-1 和图 3-2 所示。

图 3-1　红屋（莫里斯）

二、新艺术运动时期的建筑与室内设计

新艺术运动始于 19 世纪 80 年代的布鲁塞尔，主张艺术与技术相结合，积极地运用新材料和新技术。其主要特点是模仿自然界草本形态的流动曲线，并将这种线条运用于室内界面设计和陈设装饰中。代表人物有霍塔和安东尼奥·高迪。

图 3-2　凯尔姆斯科特庄园室内（莫里斯）

　　安东尼奥·高迪是西班牙历史上最伟大的建筑师，也是一位享誉世界的建筑大师。他 1852 年 6 月 25 日生于西班牙加泰罗尼亚小城雷乌斯。1873 年到巴塞罗那大学科学系学习建筑，1878 年毕业，后一直从事建筑设计工作。

　　安东尼奥·高迪是一位想像力丰富的建筑师，他的建筑造型独特、奇异，常用玻璃、陶瓷和马赛克拼贴装饰建筑表面。他崇尚自然的设计手法，喜欢使用变化的曲线，认为"自然界没有直线存在，如果有，也是一大堆弯曲线造型转换而成的。"他喜爱大自然，特别注意动物、植物及山脉的造型。他所看到的自然美并不是刻意的美，而是具有效用和实用的美，所以他认为"美即是实用性，实用即是自然的存在，自然即是实用的展现。"

　　安东尼奥·高迪的建筑作品分为三个时期，其一是早期的东方风格作品，其二是新哥特主义及现代主义风格作品，其三是自然主义作品。代表作品有奎尔公园、巴特罗之家、米拉之家和圣家族教堂等。

　　占地 1 323 平方米的米拉之家，位于西班牙的巴塞罗那，以怪异的造型而闻名于世，堪称高迪自然主义风格中最成熟的作品。

　　米拉之家从里到外，整个结构既无棱也无角，全无直线的设计营造出无穷的空间流动感。因为采用乳白原色的石材，米拉之家又被巴塞罗那人昵称为"采石场"。

　　米拉之家的外观是令人难以置信的波浪形，配上雕刻精致的锻铁栏杆阳台，显得雄伟大气而又精致美观。该建筑位于街道的转角处，安东尼奥·高迪想了很多方法来节约空间，首先是建筑的外观采用看起来厚重但实际上非常薄的石材板，又设计了两个天井，住家平面图因此成为甜甜圈形，每一户都能双面采光，家中各个空间还得以互相串联，不但节省走道空间，内部也没有任何一道墙是不可拆的，可谓是节省空间到最后 1 厘米，不论在当时还是今日，都是非常科学而前卫的设计。

　　除了外观，安东尼奥·高迪还在屋顶设置了十几个造型新颖的"外星悍客"，恍如穿越时空，呈现出未来世界的感觉。其实这些"外星悍客"都是排烟管或水塔，只是高迪将其美化，变成一个既漂亮而又可以休憩的地方。

　　安东尼奥·高迪作品如图 3-3～图 3-22 所示。

图 3-3　米拉之家

图 3-4　米拉之家的铸铁阳台

图 3-5　米拉之家的天井

图 3-6　米拉之家的屋顶

图 3-7 米拉之家的屋顶雕塑

图 3-8 圣家族教堂

图 3-9 巴特罗之家

图 3-10　霍塔住宅

图 3-11　塔塞尔住宅楼梯

图 3-12　新艺术运动时期的灯具（1）

图 3-13　新艺术运动时期的灯具（2）

图 3-14　新艺术运动时期的栏杆

图 3-15　新艺术运动时期的墙面装饰

图 3-16　卡尔维特之家

图 3-17　高迪喜欢的彩色瓷片

图 3-18　奎尔公园

图 3-19　奎尔公园里的瓷片蜥蜴

图 3-20　奎尔公园里的瓷片长椅

图 3-21　圣家族教堂上的雕塑（1）

图 3-22　圣家族教堂上的雕塑（2）

三、现代主义运动时期的建筑与室内设计

　　现代主义运动的核心为 19 世纪初在德国成立的包豪斯设计学院，包豪斯的筹建人格罗皮乌斯对艺术设计教育体系进行了全面改革，提倡技术与艺术相接合，倡导不同艺术门类的综合，主张设计为大众服务，改变了几千年来设计只为少数人服务的立场。它的核心内容是采用简洁的形式达到低造价、低成本的目的。这一时期出现了几位影响未来设计的国际风格大师：密斯·凡德罗、勒·柯布西耶和赖特。

1. 密斯·凡德罗（1886—1969）

密斯·凡德罗出生于德国亚琛，是一位既潜心研究细部设计又抱着宗教般信念的设计巨匠。他提出"少就是多"的设计理论，提倡功能主义，反对过度装饰。主张使用白色、灰色等中性色彩，室内结构空间多采用方形组合。在处理手法上主张流动空间的新概念。他的设计作品中各个细部精简到不可精简的绝对境界，不少作品结构几乎完全暴露，但是它们简约、雅致，已使结构本身升华为艺术效果的一部分。

密斯·凡德罗早年没有受过正规的建筑教育，只上过五年学，之后就跟父亲学习石工技术，后来在建筑事务所的实践活动使他走上了建筑设计的职业生涯。1908 年，他在著名的贝伦斯事务所工作四年，在那里他学到了不少先进的建筑思想和技术，逐步形成了自己的建筑风格，那就是纪律、秩序和形式，他认为在建筑中这就是真理。1930—1933 年他担任德国包豪斯学校校长，1938 年由于德国纳粹主义猖獗，他迁居美国，长期担任著名学府伊利诺理工学院建筑系主任。他不但大胆改革学校原有的教学大纲和教育体制，还积极参与实践，在融合芝加哥学派的基础上创立了密斯学派。

密斯·凡德罗对现代主义设计影响深远，其代表作品有巴塞罗那世博会德国馆、西格拉姆大厦和西柏林 20 世纪博物馆等。

巴塞罗那世博会德国馆建于 1928 年，1929 年建成，整个建筑长约 50 米，宽约 25 米，由一个主厅、二开间附属用房、两片水池和几堵围墙组成。主厅承重结构为八根十字形截面的钢柱，厅内的大理石墙和玻璃隔段都不承重，它们只是作为空间划分的手段，有的独立布置，有的从室内伸到屋顶以外，形成了似分似隔、似封闭似开敞的流动空间印象。厅内除了几张椅子以外，没有其他任何陈设，充分体现了密斯·凡德罗"少就是多"的设计理念。

巴塞罗那世博会德国馆一反过去繁琐装饰的旧习，显得干净利落，清新明快。建筑材料也达到了最佳的美学效果，灰色和绿色的玻璃隔墙配以挺拔光亮的钢柱和丰富多彩的大理石墙面，显得高雅华贵，具有新时代的特色。他还设计了平椅和靠椅布置在室内，其造型舒展优美，很快便流传开来，被人们称为"巴塞罗那椅"。

密斯·凡德罗设计的建筑以精确、简洁为主，并富有结构的逻辑性。他说："建筑与形式的创造无关，建筑取决于它所处的时代，并逐步表现出它的形式。"他强调技术的精美，其设计的西格拉姆大厦是纽约最精致的摩天大楼之一，也是他高层建筑设计的代表作。大厦是一家酿酒公司的行政办公楼，位于纽约曼哈顿区。主楼 38 层，高 158 米。整幢建筑放在一个粉红色花岗岩砌成的大平台上，前面留有小广场供人们活动和休息。建筑框架和窗棂均采用铜皮作外包装材料，稳重的古铜色结构与茶色玻璃相配合，显得格调古朴而高雅，与周围的蓝色玻璃摩天大楼形成鲜明对比。为了使大楼的造型不失轻灵，密斯·凡德罗把底层三面留成两层高的空廊，看起来整座大楼就像架空在几根独立的大柱之上。

密斯·凡德罗作品如图 3-23～图 3-31 所示。

图 3-23　巴塞罗那世博会德国馆外观

图 3-24 巴塞罗那世博会德国馆室内（1）

图 3-25 巴塞罗那世博会德国馆室内（2）

图 3-26　巴塞罗那世博会德国馆室内（3）

图 3-27　巴塞罗那世博会德国馆室内（4）

图 3-28　巴塞罗那椅

图 3-29 西格拉姆大厦（1）

图 3-30 西格拉姆大厦（2）

图 3-31 西格拉姆大厦前的广场

2. 勒·柯布西耶（1886—1965）

勒·柯布西耶出生于瑞士，1917 年定居法国，是一位集绘画、雕塑和建筑于一身的现代主义建筑大师。他的主要观点收集在其论文集《走向新建筑》一书中。在书中，勒·柯布西耶否定了设计的复古主义和折衷主义，反对形式主义的设计思路，强调设计应功能至上，追求机械美的效果，推崇理性化的设计原则。他认为"世界中的一切事物都可以放到理性的制度上加以校正，理性思维是支配人们进行研究思考及行事的基础"。

他提出了"建筑是居住的机器"的著名论点，其现代建筑核心内容被理论界归纳为六条基本原则。

（1）结构形式：由柱支承结构，而不是传统的承重墙支承。

（2）空间构成：建筑下部留空，形成建筑的 6 个面，而不是传统的 5 个面。

（3）屋顶上人：屋顶设计成平台结构，可做屋顶花园，供居住者休闲用。

（4）流动空间：室内采用开敞设计，减少用墙面分隔房间的传统方式。

（5）减少装饰：尽量减少室内立面的装饰。

（6）窗户独立：窗户采用条形，与建筑本身的承力结构无关，窗结构独立。

勒·柯布西耶的代表作品有萨伏伊别墅、朗香教堂和马赛公寓等。

萨伏伊别墅是勒·柯布西耶设计的巴黎郊区的一座别墅，1928 年设计，1930 年建成，是现代建筑运动中著名的代表作之一。它是勒·柯布西耶纯粹主义的杰作，也是勒·柯布西耶的作品中最能体现其建筑观点的作品。

萨伏伊别墅采用了钢筋混凝土框架结构，外形为白色长方形的几何形体。整栋别墅共分三层，首层使用白色柱子支撑起来；第二层设有卧室、厨房、餐厅等空间，空间之间相互穿插，内外彼此贯通，墙上用水平玻璃长窗，采光充足；第三层为主人卧室和屋顶花园，环境优美，是主人的休闲场所。各层之间以楼梯和坡道连接，空间效果流畅自然。

该建筑在设计上主要有以下特点。

（1）模数化设计——这是柯布西耶研究数学、建筑和人体比例的成果。现在这种设计方法广为应用。

（2）简单的装饰风格——相对于之前人们常常使用的繁琐复杂的装饰方式而言，其装饰可以说是非常的简单。

（3）纯粹的用色——建筑的外部装饰完全采用白色，这是一个代表新鲜、纯粹、简单和健康的颜色。

（4）开放式的室内空间设计。

（5）专门对家具进行设计和制作。

（6）动态的、非传统的空间组织形式——尤其使用螺旋形的楼梯和坡道来组织空间。

（7）屋顶花园的设计——使用绘画和雕塑的表现技巧来设计屋顶花园。

（8）车库的设计——特殊的组织交通流线的方法，使得车库和建筑完美地结合，使汽车易于停放而又不会使车流和人流交差。

（9）雕塑化的设计——这是勒·柯布西耶常用的设计手法，这使他的作品常常体现出一种雕塑感。

朗香教堂是一座位于群山之中的小天主教堂，它突破了几千年来教堂建筑雄伟、华丽和奢华的形制，采用自然形态，怪诞离奇，被称为"粗野主义建筑"。整个建筑采用仿生学的设计原理和雕塑化的造型原则，南面设置了一面"光墙"，即在墙上挖了许多大大小小的空洞并用彩色玻璃来装饰，阳光透过这些空洞射进教堂内部，产生一种神圣、升腾和崇高的感觉，主礼拜堂设置在东面，这也是符合基督教义的设计。

勒·柯布西耶作品如图 3-32～图 3-51 所示。

图 3-32 萨伏伊别墅（1）

图 3-33 萨伏伊别墅（2）

图 3-34 萨伏伊别墅（3）

 小资料

勒·柯布西耶经典语录

1. 对于建筑艺术家来说，建筑设计中老的经典已将被推翻。如果要与过去挑战，我们应该认识到，历史上的过注样式对我们来说已经不复存在，一个属于我们自己的时代的新设计样式已经兴起，这就是革命。

2. 住宅是供人居住的机器,书是供人阅读的机器。在当代社会中,一件新设计出来为现代人服务的产品都是某种意义上的机器。

3. 一种文明消失了,另一种取而代之,建筑将给予那些倾其全部思想于设计上的建筑艺术家以一种特殊的幸福。这种幸福是伴随着极度痛苦的劳作之后的光辉,诞生而来的一种恍惚。这就是发明的力量,她使人能奉献其自身的最佳部分给他人带来欢乐,那只能在家里找的每日欢乐。

4. 我在几何中寻找,我疯狂般地寻找着各种色彩及立方体、球体、圆柱体和金字塔形。棱柱的升高和波此之间的平衡能够使正午阳光透过立方体进入建筑表面,可以形成一种独特的韵津。在傍晚时分的彩虹也仿佛能够一直延续到清晨,当然,这种效果需要在事先的设计中使得光与影充分地融合。我们不再是艺术家,而是深入这个时代的观察者。虽然我们过去的时代也是高贵、美好而富有价值的,但是我们应该一如既注地做到更好,那也是我的信仰。

图 3-35 萨伏伊别墅室内 (1)

图 3-36 萨伏伊别墅室内 (2)

图 3-37 萨伏伊别墅室内 (3)

图 3-38　萨伏伊别墅室内（4）

图 3-39　萨伏伊别墅室内（5）

图 3-40　萨伏伊别墅室内（6）

图 3-41　朗香教堂的光墙

图 3-42　朗香教堂外观（1）

图 3-43　朗香教堂外观（2）

图 3-44　朗香教堂外观（3）

图 3-45　朗香教堂室内（1）

图 3-46　朗香教堂室内（2）

图 3-47　朗香教堂室内（3）

图 3-48　勒·柯布西耶设计的雕塑

图 3-49　马赛公寓外观（1）

图 3-50　马赛公寓外观（2）　　　　　　　图 3-51　马赛公寓外观雕塑

3. 赖特（1869—1959）

赖特出生于美国威斯康星州，是世界著名的现代建筑大师。他早年在威斯康星大学学习土木工程，后来转而从事建筑设计。他从 19 世纪 80 年代后期就开始在芝加哥从事建筑活动，曾经在当时芝加哥学派建筑师沙利文的建筑事务所工作。那时正是美国工业蓬勃发展、城市人口急速增加的时期，19 世纪末的芝加哥是现代摩天楼诞生的地点。但是赖特对现代大城市持批判态度，他很少设计大城市里的摩天楼，对于建筑工业化不感兴趣，他一生中设计最多的建筑类型是别墅和小住宅。在赖特的手中，小住宅和别墅这些历史悠久的建筑类型变得愈加丰富多彩，他把这些建筑类型的设计水平提高到了一个新的层次。

赖特提倡有机建筑，创造了富有田园诗意的草原式住宅。赖特提出的"美国风格"住宅多采用现代主义的简单的几何形式，外观简洁、大方，室内空间流动，细节丰富。他既运用新材料和新结构，又始终重视和发挥传统建筑材料的优点，并善于把两者结合起来。同自然环境的紧密配合则是他的建筑作品的最大特色，赖特的建筑使人觉得亲切而有深度。

赖特的建筑设计理论可以总结为以下几个要点。

1）崇尚自然的建筑观

赖特的"草原式"住宅反映了人类活动与自然环境的结合。他认为："我们的建筑如果有生命力，它就应该反映今天这里的更为生动的人类状况，建筑就是人类受关注之处，人本性更高的表达形式。因此，建筑是人类文献中最伟大的记录，也是时代、地域和人类活动最忠实的记录。"

2）创造属于美国的建筑文化

赖特认为："我们不应该无视后代的要求，也更应该寻求现时的欢乐和丰富的生活，革命不能无视过去的创造，但我们应该努力消化吸收，使之进入我们的思想。"他立足于吸收美国民间传统有价值的东西去创立美国自己的建筑文化。

3）建造活的、有机的建筑

赖特认为："建筑师应该学会创造，一切设计概念都意味着与自然环境的协调。要尽量使用木材和石料等天然材料，考虑人的需要和感情。"他还认为："只有当一切都是局部对整体如同整体对局部一样时，我们才可以说有机体是一个活的东西，这种在任何动植物中都可以发现的关系是有机生命的根本。有机建筑就是人类社会生活的真实写照，是活的建筑，这种'活'的观念能使建筑师摆脱固有的形式的束缚，注意按照地形特征、气候条件、文化背景和技术规范采用相应的对策，最终取得自然的结果，而并非是任意武断地加强固定僵死的形式。这种从本身中寻求解答的方法也使建筑师的构思有了新的契机，从而灵感永不枯萎，创新永无止境。"

赖特的有机建筑观念主张建筑物的内部空间是建筑的主体，他试图借助于建筑结构的可塑性和连续性去实现建筑的整体性，他解释这种连续的可塑性主要指平面的穿插和空间的内伸外延。"活"的观念和整体性是有机建筑的两条基本原则，而体现建筑的内在功能和目的，与自然环境的协调和表现出材料的本性，则是有机建筑在创作中的具体表现。

4）技术为艺术服务

20世纪西方资本主义国家的科学技术有了飞速的发展，各类机器相继问世并逐渐进入人们的日常生活，社会发生了前所未有的变革，这对长期处于传统形式影响下的建筑师提出了挑战。在新技术面前，赖特表现出了极大的热情，他觉得住宅应该有像飞机和汽车一样的流线型，因此结构应该表现出连续性和可塑性，寻求新时代的空间感。他说："科学可以创造文明，但不能创造文化，仅仅在科学统治之下，人们的生活将变得枯燥无味，工程师是科学家，并且可能也有独创精神和创造力，但他不是一位有创造力的艺术家。"

5）表现材料的本性

赖特的建筑作品充满着天然气息和艺术魅力，其秘诀就在于他对材料的独特见解。崇尚自然设计手法的设计观点论的自然观决定了他对材料天然特性的尊重，他不但注意观察自然界浩瀚生物世界的各种奇异形态，而且注重对材料的形态、纹理、色泽和化学性能等方面的仔细研究。他指出："每一种材料都有自己的语言，每一种材料也都有自己的故事，优秀的设计师要善于利用材料自身的特征来为设计服务。"

6）连续运动空间

赖特并不认为空间只是一种消极空幻的虚无，而是视之为一种强大的发展力量，这种力量可以推开墙体，穿过楼板，甚至可以揭开屋顶，所以赖特越来越不满足于用矩形包容这种力量，他摸索着用新的形体去诠释这种力量。海贝的壳体给他这样一种启示，运动的空间必须有动态的外壳。

7）有特性和诗意的形式

赖特对简洁的看法受到了日本的影响，他也十分赞赏日本宗教关于"净"的戒条，即净心和净身，视多余为罪恶。他主张在艺术上消除无意义的东西而使一切事物变得十分自然有机，返璞归真。"浪漫"是赖特有机建筑的语言，他说："在有机建筑领域内，人的想像力可以使粗糙的结构语言变为相应的高尚形式，而不是去设计毫无生气的立面和炫耀结构骨架，形式的诗意对于伟大的建筑就像绿叶与树木的关系一样，相辅相成。"

赖特建筑设计的代表作品有流水别墅、约翰逊制蜡公司总部和古根海姆博物馆等。

流水别墅是赖特为考夫曼家族设计的别墅，在宾夕法尼亚州匹兹堡市郊区一个叫熊溪的地方，整个建筑就架在溪流之上，并与周围的自然环境融为一体。

流水别墅的外观是水平穿插的多个几何形，形体舒展开放，简洁大方，具有一种外张力。独特的室内设计使建筑的内外空间有机地结合起来。在空间上，通往起居室必然先通过一段狭小而昏暗的有顶盖的门廊，然后进入反方向斜上的主楼梯，再进入起居室。这样的空间设计使空间有一种欲扬先抑的效果。起居室宽敞而明亮，柱子和地板都使用天然的石材，表现出材料的粗犷感。

赖特对自然光线的巧妙掌握，使室内空间充满了勃勃生机，光线流动于起居室的东、南、西三侧，最明亮的部分光线从天窗泻下，营造出一种朦胧柔美的空间气氛。室内陈设的选择和家具样式的设计与布置都独具匠心，同时卡夫曼家族对这幢无价产业付出了极大的热情和关爱，他们以伟大的艺术品、家具和私人收藏品来陪衬它。

赖特的作品如图3-52～图3-58所示。

图 3-52 流水别墅外观（1）

图 3-53 流水别墅外观（2）

图 3-54　流水别墅过廊

图 3-55　流水别墅室内（1）

图 3-56 流水别墅室内（2）　　　　　图 3-57 纽约古根海姆博物馆外观

图 3-58 纽约古根海姆博物馆室内

1. 工艺美术运动的设计主张是什么？
2. 勒·柯布西耶的现代建筑核心内容是什么？
3. 赖特的建筑设计理论是什么？

第二节　后现代主义运动时期的建筑与室内设计

后现代主义又称装饰主义、隐喻主义，兴起于 20 世纪 60 年代，其主要观点如下。

（1）强调建筑师的个性和自我表现力，反对重复前人设计经验，讲究创造。

（2）强调建筑与室内设计的矛盾性和复杂性，反对设计的简单化和程式化。

（3）提倡多元化和多样性的设计理念，追求人文精神的融入。

（4）崇尚隐喻和象征的设计手法，大胆运用装饰色彩。

（5）大量使用夸张、变形、扭曲、错位和反射等设计手法，营造出奇特、新颖的空间形式。

后现代主义运动时期出现了几位世界级的建筑及室内设计大师：弗兰克·盖里、贝聿铭和安藤忠雄。

一、后现代主义运动时期的建筑与室内设计大师

1. 弗兰克·盖里

弗兰克·盖里 1929 年生于加拿大多伦多，在南加州大学取得建筑学硕士学位，并在哈佛大学设计研究所研习城市规划，1962 年建立自己的公司，1989 年获得有"建筑学界诺贝尔奖"之称的普利兹克奖。

弗兰克·盖里的作品抛弃了直线条和传统的造型方式，偏爱于生动的曲线和不同寻常的材料，崇尚解构几何形体，把拆散的几何形体重新加以有层次地组合与堆积，塑造出新颖、怪异的形象。

弗兰克·盖里的建筑经常使用铁丝网、波形板和加工粗糙的金属板等廉价材料，并采取拼贴、混杂、并置、错位、模糊边界、去中心化和非等级化等手段，挑战人们既定的建筑审美观和被捆绑的想像力。他的建筑大胆而富有想像力，极具原创性和鲜明的个性。其代表作品有西班牙毕尔巴鄂古根海姆博物馆、维特拉家具厂总部大楼和加州航空航天博物馆等。

毕尔巴鄂古根海姆博物馆坐落于西班牙的工业城市毕尔巴鄂，1997 年建成，斥资 1 亿美元。它以怪异的造型、奇特的结构和崭新的材料赢得举世瞩目，被称为"世界上最有意义和最美丽的博物馆。"

博物馆占地面积约 24 000 平方米，用于陈列的空间有 11 000 平方米，分成 19 个展示厅，其中一间是全世界最大的艺廊。博物馆外观材料使用了大量玻璃、钢和石灰岩，部分表面还包覆了钛金属，这使得整栋建筑看上去显得光亮照人，充满高科技的金属美感。

博物馆外观设计秉承了弗兰克·盖里一贯的设计理念，应用解构主义手法分解出诸多形态各异的几何体，并将这些几何体进行重新堆积和组合，使观赏者从各个角度都能感受到不同的形状。曲线的使用使该建筑显得生动活泼，优美典雅。

弗兰克·盖里的作品如图 3-59～图 3-70 所示。

图 3-59　毕尔巴鄂古根海姆博物馆外观（1）

图 3-60　毕尔巴鄂古根海姆博物馆外观（2）

图 3-61　毕尔巴鄂古根海姆博物馆外观（3）

图 3-62　毕尔巴鄂古根海姆博物馆外观（4）

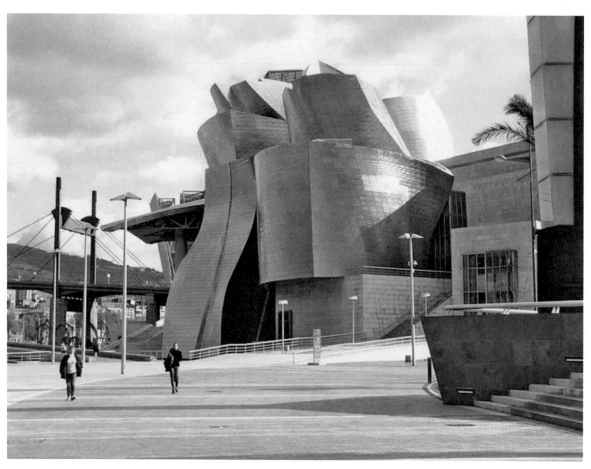

图 3-63　毕尔巴鄂古根海姆博物馆外观（5）

图 3-64　毕尔巴鄂古根海姆博物馆外观一景

图 3-65　迪士尼音乐厅

图 3-66　西雅图摇滚音乐厅

图 3-67　加州航空航天博物馆

图 3-68　车特迪大楼外观

图 3-69　弗兰克·盖里设计的室内

图 3-70　维特拉家具厂总部大楼

2. 贝聿铭

贝聿铭 1917 年生于广州，著名美籍华裔建筑师，其父是中国银行创始人之一贝祖怡。10 岁随父亲来到上海，18 岁到美国，先后在麻省理工学院和哈佛大学学习建筑，于 1955 年建立自己的建筑事务所，

1983 年获普利兹克奖。

贝聿铭设计的建筑始终秉承着现代建筑的传统，他坚信建筑不是流行风尚，不可能时刻改变；建筑是千秋大业，要对社会历史负责。他持续地对形式、空间和建材进行技术研究与探讨，使作品更加多样化。他从不为自己的设计辩说，从不自己执笔阐释解析作品观念，他认为建筑物本身就是最佳的宣言。他注重抽象的形式，喜爱石材、混凝土、玻璃和钢等材料。

贝聿铭的作品一直以来都饱受争议，但随着时间的流逝，人们对他设计的建筑逐渐理解和认同，他也成为 20 世纪世界上最成功的建筑师之一。其代表作品有华盛顿国家美术馆东馆、北京香山饭店和香港中银大厦等。

香山饭店坐落在北京西山的香山公园内，建筑面积约 35 000 平方米，其周边自然环境优美，景色迷人。香山饭店吸收了许多中国古典建筑和古典园林的设计手法和设计素材。在平面布局上，采用中轴线对称的院落式布局形式，其中后花园是香山饭店的主要庭院，三面被建筑所包围，朝南的一面敞开，远山近水，叠石小径，高树铺草，布置得非常得体，既有江南园林精巧的特点，又有北方园林开阔的空间。中间设有"常春四合院"，那里有一片水池、一座假山和几株青竹，使前庭、后院有了连续性。

在设计上，贝聿铭大胆地重复使用两种最简单的几何图形：正方形和圆形，形成重复的韵律美和节奏美；同时还吸收了中国古典园林设计手法中的漏窗、花格、宫灯和月洞门等样式，展现出了中国传统文化的魅力。

整个香山饭店的装修，从室外到室内，基本上只用三种颜色，白色是主调，灰色是仅次于白色的中间色调，黄褐色用作小面积点缀色彩。这三种颜色组合在一起，使室内室外空间和谐统一，宁静高雅。

贝聿铭作品如图 3-71～图 3-84 所示。

图 3-71　香山饭店外观

图 3-72　香山饭店的漏窗

图 3-73　香山饭店室内

图 3-74　香山饭店室内光雕效果

图 3-75　香山饭店室内的月洞门

图 3-76　香山饭店室内借景效果

图 3-77　香山饭店室外曲水流觞效果

图 3-78　巴黎卢浮宫扩建工程

图 3-79　香港中银大厦

图 3-80　德国历史博物馆外观

图 3-81　德国历史博物馆室内

图 3-82　苏州博物馆外观

图 3-83　苏州博物馆室内

图 3-84　苏州博物馆内景观

3. 安藤忠雄

安藤忠雄 1941 年生于日本大阪，早年当过货车司机和职业拳手，其后在没有经过正统训练下成为专业的建筑师。18 岁时，安藤开始考察日本文化古城京都和奈良的庙宇、神殿和茶室等传统建筑。1962 年起开始游历欧美，考察研究西方著名建筑，并绘制了大量的旅游速写。1969 年，成立自己的建筑事务所，1995 年获普利兹克奖。

安藤忠雄设计的建筑坚持走现代与自然相结合的道路，他喜欢将绿化、水和光等自然元素与现代简约的清水混凝土建筑相结合，表现出建筑与环境的高度协调性。安藤忠雄设计的建筑是空间和形式的完美接合，突破了传统观念的束缚，注重创新，通过最基本的几何形式，获得抽象的设计概念。纽约州立大学校长普切斯评价安藤忠雄时说："安藤建筑哲学最关键的部分就是创造一种界限，他可营造一种让人反省的空间，他所包装的空间可以使人们在阳光和阴影、空气和水中相互交融，而远离城市的喧嚣。"其代表作品有神户六甲集合住宅、光之教堂和真言宗本福寺水御堂等。

光之教堂是日本最著名的教堂建筑，它是安藤忠雄的成名作，因其在教堂一面墙上开了一个十字形的洞而营造出特殊的光影效果，使信徒们产生接近上帝的错觉而闻名。它获得了由罗马教皇颁发的 20 世纪最佳教堂奖。

光之教堂位于大阪市区内，建筑面积约 113 平方米，能容纳约 100 人，是一个小型教堂。教堂由混凝土作墙壁，除了墙壁上通透的大十字架外，没有放置任何多余的装饰物，显得简约而朴素。教堂内只有一段向下的斜路，没有阶梯，信徒的座位高于圣坛，这与欧洲教堂的布置正好相反，打破了传统教堂的布局方式，反映了世界上人人平等的思想。

在教堂的内部空间设计上，安藤忠雄运用简约、抽象和几何的设计手法，营造出宁静、肃然、神圣的空间气氛，使内部空间效果极富宗教意义，呈现出一种静寂的美，与日本枯山水庭园有着相同的气氛。

安藤忠雄的作品如图 3-85～图 3-91 所示。

图 3-85　光之教堂室内

图 3-86　光之教堂外观

图 3-87　光之教堂入口

图 3-88　真言宗本福寺水御堂

图 3-89　真言宗本福寺水御堂室内

图 3-90　真言宗本福寺水御堂入口

图 3-91　水的教堂

二、后现代主义设计流派

后现代主义设计流派众多，其中较有影响力的有解构主义派、新地方主义派、高技派、光亮派、风格派、白色派、自然风格派和超现实派。

1. 解构主义派

解构主义是 20 世纪 60 年代，以法国哲学家德里达为代表所提出的哲学观念，是对 20 世纪前期欧美盛行的结构主义理论思想传统的质疑和批判。解构主义认为一切固有的确定性，以及所有的既定界限、概念和范畴都应该颠覆和推翻，主张以创新思想来解析和重组各种理论。建筑和室内设计中的解构主义派对传统古典设计模式和构图规律采取否定的态度，强调不受历史文化和传统理性的约束，追求创新的设计理念。其主要观点如下。

（1）强调设计的个性，无中心，无约束，无绝对权威。

（2）追求毫无关系的复杂性，运用分解、叠加和重组等设计手法创造新的样式，喜爱抽象和不和谐的形态。

（3）热衷于支解既有的设计理论，创造新颖、奇特的新形象。

（4）强调设计的无秩序性，追求设计的多元化和非统一化。

解构主义派的代表人物有弗兰克·盖里、埃森曼和库哈斯等。

解构主义派设计如图 3-92～图 3-95 所示。

图 3-92 库哈斯设计的 CCTV "Z" 形大厦

图 3-93 北海假山公寓

图 3-94　马岩松设计的湖州喜来登酒店

图 3-95　解构主义派的音乐厅

2. 新地方主义派

新地方主义派是一种强调地方特色和民俗风格的设计流派，它提倡乡土味和民族化，尽量使用地方材料，室内陈设多选用具有浓郁民俗特色的服饰、工艺品和生产用具等。

新地方主义派设计如图 3-96～图 3-100 所示。

图 3-96　宁波博物馆

图 3-97　新地方主义派别墅

图 3-98　新地方主义派餐厅

图 3-99　积木咖啡馆

图 3-100　玉山石柴

3. 高技派

高技派亦称"重技派"，活跃于 20 世纪 50—70 年代，在理论上极力宣扬机器美学和新技术的美感，注意表现高度工业技术的设计倾向，讲究精美技术与粗野主义相结合。其主要特点如下。

（1）提倡采用新材料高强钢、硬铝和塑料等来制造体量轻，能够快速与灵活装配的建筑构件。

（2）暴露结构，构造外翻，显示内部构造和管道线路，着力反映工业成就，体现工业技术的机械美感，宣传未来主义。

（3）努力营造透明的空间效果，室内多采用玻璃和金属等透明和半透明材料。

（4）强调新时代的审美观应考虑技术的决定因素，力求使工业技术接近人们习惯的生活方式和传统的美学观。

高技派建筑的代表作有巴黎蓬皮杜艺术与文化中心、香港汇丰银行大厦和奇芭欧文化中心等。

蓬皮杜艺术与文化中心位于巴黎市区内，外观建筑长约 168 米，宽约 60 米，高约 42 米，共分 6 层，内有一个现代艺术博物馆、一个公共图书馆和一个工业设计中心。其建筑外观设计大量暴露出结构钢架和管道设备，正面外观处设置了一个自动电梯，分段逐层向上延伸，打破了整个外观方正、几何的呆板印象，形成一条流动的线条。东侧的外立面的管道被刷成不同的颜色，代表着不同的功能系统，红色代表交通系统；蓝色代表空调系统；绿色代表供水系统；黄色代表供电系统。这些五颜六色的管道又组成了一幅具有色彩构成效果的画面，使建筑的形式与艺术美感自然地融合在一起。

罗杰斯和皮阿诺评价蓬皮杜艺术与文化中心的设计时说："这幢房屋既是一个灵活的容器，又是一个动态的交流机器。它是由预制构件高质量地提供与制成的。它的目标是要直接了当地贯穿传统文化惯例的极限而尽可能地吸引最多的观众。"

高技派设计如图 3-101～图 3-111 所示。

图 3-101 巴黎蓬皮杜艺术与文化中心（1）

图 3-102 巴黎蓬皮杜艺术与文化中心（2）

图 3-103　巴黎蓬皮杜艺术与文化中心（3）

图 3-104　巴黎蓬皮杜艺术与文化中心夜景

图 3-105　香港汇丰银行大厦（福斯特）

图 3-106　奇芭欧文化中心

图 3-107　劳埃德大厦（罗杰斯）

图 3-108　伦敦子弹形大厦

图 3-109　高技派室内设计（1）

图 3-110　高技派室内设计（2）

图 3-111　洛伊德保险公司总部

4. 光亮派

光亮派也称银色派，注重在室内设计中夸耀新型材料及现代加工工艺的精密细致及光亮效果，往往在室内大量采用镜面及平曲面玻璃、不锈钢、磨光花岗石和大理石等材料作为装饰面材。在室内环境的照明方面，常使用具有折射和反射效果的各类新型光源和灯具，在金属和镜面材料的烘托下，形成光彩照人、绚丽夺目的室内气氛。

光亮派设计如图 3-112～图 3-114 所示。

图 3-112　光亮派室内设计（1）

图 3-113　光亮派室内设计（2）

图 3-114　光亮派室内设计（3）

5. 风格派

风格派兴起于 20 世纪 20 年代的荷兰，以画家蒙德里安和设计师里特维尔德为代表，强调纯造型的表现和绝对抽象的设计原则，主张从传统及个性崇拜的约束下解放艺术，认为艺术应脱离于自然而取得独立，艺术家只有用几何形象的组合和构图来表现宇宙根本的和谐法则才是最重要的。

风格派还认为"把生活环境抽象化，这对人们的生活就是一种真实"。他们对室内装饰和家具经常采用几何形体，色彩上以红、黄、蓝三原色为主调，辅以黑、灰、白等无彩色。风格派的室内，在色彩及造型方面都具有极为鲜明的特征与个性，建筑与室内常以几何方块为基础，并通过屋顶和墙面的凹凸及强烈的色彩对块体进行强调。

风格派设计作品如图 3-115～图 3-118 所示。

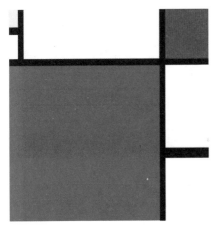

图 3-115　蒙德里安的绘画

图 3-116　里特维尔德设计的红蓝黄椅

图 3-117　风格派室内设计

图 3-118　里特维尔德设计的乌德勒支住宅

6. 白色派

白色派是后现代主义设计风格中一个重要的派别，其主要的设计特点如下。

（1）在建筑和室内设计中大量使用白色，给人以纯净、简约和朴素的感觉，也使建筑与室内空间富有深沉的思想内涵，表现出一种超凡脱俗的意境。

（2）注重建筑与自然环境的结合，重视室内空间的利用，强调空间的功能分区，以及室内与室外景观的相互渗透。

（3）简化装饰，注重整体效果，较少有细节处理。

白色派的代表人物是美国建筑师理查德·迈耶。

理查德·迈耶毕业于纽约州伊萨卡城康奈尔大学，早年曾在纽约的 SOM 建筑设计事务所和布劳耶事务所任职，并兼任过许多大学的教师，1963 年创立自己的建筑事务所。

理查德·迈耶的作品以"顺应自然"的理论为基础，表面材料常用白色，以绿色的自然景物衬托，使人觉得清新脱俗。他善于利用白色表达建筑本身与周围环境的和谐关系，在建筑内部空间则运用自然光线的反射达到光影变化的效果。他以新的观点解释旧的建筑语汇，并重新组合出几何空间。他十分推崇 20 年代荷兰风格派的设计，也十分崇拜勒·柯布西耶的立体主义构图和光影变化理论，强调面的穿插，讲究纯净的建筑空间和体量。

理查德·迈耶评价自己的作品时说："白色是一种极好的色彩，能将建筑和当地的环境很好地分隔开。像瓷器有完美的界面一样，白色也能使建筑在灰暗的天空中显示出其独特的风格特征。雪白是我作品中的一个最大的特征，用它可以阐明建筑学理念并强调视觉影像的功能。白色也是在光与影、空旷与实体展示中最好的鉴赏。因此从传统意义上说，白色是纯洁、透明和完美的象征。"理查德·迈耶的代表作有罗马千禧教堂、道格拉斯住宅和巴塞罗那现代艺术馆等。

道格拉斯住宅位于美国密执安州，1974 年建成。该住宅建在一个陡峭的山壁上，建筑周围布满郁郁葱葱的树木，正面正对密西根湖，整个住宅与周围环境自然地融合在一起，浑然天成。

道格拉斯住宅在户外设置了一个金属栏杆扶手的悬臂式的楼梯，用于连接起居室和餐厅层的户外平台。这一设计不仅美观，而且也使室内外空间形成一套流畅的垂直动线系统。住宅的外观还有一个金属烟囱，使整幢房子看起来更具有现代感。

道格拉斯住宅的起居室挑空，并在一面墙上设置大量的透明玻璃，这种处理方式不仅使室内空间更加开敞，而且使室内与室外景观有机地结合在一起，增加了空间的视觉延伸感。

白色派设计如图 3-119～图 3-126 所示。

图 3-119　道格拉斯住宅外观

图 3-120 道格拉斯住宅室内

图 3-121 罗马千禧教堂室内

图 3-122 罗马千禧教堂外观（1）

图 3-123 罗马千禧教堂外观（2）

图 3-124 白色派室内设计（1）

图 3-125 白色派室内设计（2）

图 3-126　白色派室内设计（3）

7. 自然风格派

自然风格派倡导回归自然的设计手法，推崇自然与现代相结合的设计理念，室内多用木材、石材和藤制品等天然材料，营造出清新、淡雅的气氛。此外，由于其宗旨和手法的雷同，也可把田园风格派归入自然风格派一类。田园风格派在室内环境中力求表现悠闲、舒畅和自然的田园生活情趣，也常运用天然木、石、藤、竹等材料，巧妙地设置室内绿化，创造出自然、简朴和雅致的氛围。

自然风格派设计如图 3-127～图 3-131 所示。

图 3-127　自然风格派室内卧室

图 3-128　自然风格派会客厅　　　　　　　　图 3-129　自然风格派室内设计（1）

图 3-130　自然风格派室内设计（2）

图 3-131　自然风格派室内设计（3）

8. 超现实派

超现实派追求超越现实的艺术效果，在室内布局中采用异常的空间组织、曲面或具有流动弧形线型的界面、浓重的色彩、变幻莫测的光影、造型奇特的家具与设备等，有时还以现代绘画或雕塑来烘托室内环境气氛。超现实派的室内环境较为适应具有视觉形象特殊要求的展示或娱乐空间。

超现实派设计如图 3-132～图 3-135 所示。

图 3-132　超现实派室内设计（1）

图 3-133　超现实派室内设计（2）

图 3-134　超现实派室内设计（3）

图 3-135　超现实派室内设计（4）

9. 其他派别

其他派别的设计如图 3-136～图 3-139 所示。

图 3-136　新东方主义风格室内设计（1）

图 3-137　新东方主义风格室内设计（2）

图 3-138　平面涂饰风格室内设计

图 3-139　装饰艺术派室内设计

1. 后现代主义的主要设计观点是什么？
2. 毕尔巴鄂古根海姆博物馆的建筑特色是什么？
3. 解构主义派的主要设计观点是什么？
4. 高技派的主要设计观点是什么？

建筑与室内设计优秀图片如图 4-1～图 4-56 所示。

图 4-1　古埃及阿布·辛拜勒神庙

图 4-2　意大利佛罗伦萨大教堂

图 4-3　古希腊胜利女神像

图 4-4　巴黎圣心大教堂

图 4-5　法国枫丹白露宫

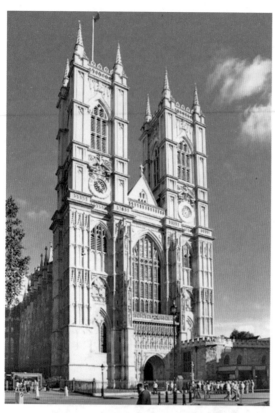

图 4-6　英国威斯敏斯特教堂

图 4-7　英国塔桥

图 4-8　捷克布拉格建筑

图 4-9　卢浮宫收藏的古希腊雕塑

图 4-10　罗丹的雕塑《吻》

图 4-11　罗丹的雕塑《思想者》

图 4-12　俄罗斯东宫的雕塑

图 4-13　俄罗斯东宫的室内装饰

图 4-14　俄罗斯莫斯科红场

图 4-15　意大利水城威尼斯（1）

图 4-16　意大利水城威尼斯（2）

图 4-17　巴黎凯旋门

图 4-18　中国建筑小品之香炉

图 4-19　中国建筑小品之华表

图 4-20　中国建筑小品之石狮

图 4-21　中国建筑小品之牌坊

图 4-22　北京紫禁城远景

图 4-23　北京紫禁城近景

图 4-24　北京紫禁城

图 4-25　长城

图 4-26　北京天坛

图 4-27　五台山南禅寺

图 4-28　恒山悬空寺

图 4-29　龙门石窟（1）

图 4-30　龙门石窟（2）

图 4-31　山西平遥城隍庙

图 4-32　侗族风雨桥

图 4-33　山西应县木塔

图 4-34　西安小雁塔

图 4-35　西安大雁塔

图 4-36　湖南岳阳楼

图 4-37　江西滕王阁

图 4-38　武汉黄鹤楼

图 4-39　赵州桥

图 4-40　武汉近代建筑

图 4-41　上海近代建筑

图 4-42　天津近代建筑

图 4-43　西藏布达拉宫

图 4-44　尼泊尔加德满都

图 4-45 叙利亚的蜂窝房

图 4-46 越南的船屋

图 4-47　日本木塔

图 4-48　土耳其民居

图 4-49　泰国建筑（1）

图 4-50　泰国建筑（2）

图 4-51　泰国建筑（3）

图4-52　巴黎铁塔

图4-53　西班牙现代建筑

图4-54　英国千禧纪念堂

图 4-55　悉尼歌剧院

图 4-56　希腊地中海风情建筑

参考文献

［1］贡布里希. 艺术发展史. 范景中，译. 天津：天津人民美术出版社，2006.

［2］王受之. 世界现代建筑史. 北京：中国建筑工业出版社，1999.

［3］王受之. 世界现代设计史. 广州：新世纪出版社，1995.

［4］陈志华. 室内设计发展史. 北京：中国建筑工业出版社，1979.

［5］齐伟民. 室内设计发展史. 合肥：安徽科学技术出版社，2004.

［6］楼庆西. 中国古建筑二十讲. 北京：生活·读书·新知三联书店，2001.

［7］陈易. 室内设计原理. 北京：中国建筑工业出版社，2006.

［8］邱晓葵. 室内设计. 北京：高等教育出版社，2002.

［9］张绮曼，郑曙旸. 室内设计资料集. 北京：中国建筑工业出版社，1991.

［10］李朝阳. 室内空间设计. 北京：中国建筑工业出版社，1999.

［11］来增祥，陆震纬. 室内设计原理. 北京：中国建筑工业出版社，1996.

［12］霍维国，霍光. 室内设计原理. 海口：海南出版社，1996.

［13］吴焕加. 20 世纪西方建筑史. 郑州：河南科学技术出版社，1998.

［14］刘敦桢. 中国古代建筑史. 2 版. 北京：中国建筑工业出版社，1984.

［15］沈福煦. 中国古代建筑文化史. 上海：上海古籍出版社，2001.

［16］黄健敏. 贝聿铭的艺术世界. 北京：中国计划出版社，1996.

［17］刘小波. 安藤忠雄. 天津：天津大学出版社，1999.

［18］李明彦. 凝固的历史：世界建筑故事. 北京：北京出版社，2007.

［19］房厚泽. 凝固的历史：中国建筑故事. 北京：北京出版社，2007.

［20］李泽厚. 美的历程. 天津：天津社会科学院出版社，2001.

［21］史春珊，孙清军. 建筑造型与装饰艺术. 沈阳：辽宁科学技术出版社，1988.

［22］童慧明. 100 年 100 位家具设计师. 广州：岭南美术出版社，2006.

［23］汤重熹. 室内设计. 北京：高等教育出版社，2003.

［24］朱钟炎，王耀仁，王邦雄，等. 室内环境设计原理. 上海：同济大学出版社，2004.

［25］巴赞. 艺术史：史前至现代. 刘明毅，译. 上海：上海人民美术出版社，1989.

［26］许亮，董万里. 室内环境设计. 重庆：重庆大学出版社，2003.

［27］尹定邦. 设计学概论. 长沙：湖南科学技术出版社，2001.

［28］席跃良. 设计概论. 北京：中国轻工业出版社，2004.

［29］时天光，陈伟新. 建筑艺术欣赏. 沈阳：辽宁科学技术出版社，1992.